AF266326

Methode Nouvelle,

ET

Invention Extraordinaire

DE DRESSER LES

CHEVAUX,

ET LES

Travailler selon la Nature, qui est Perfectionée
par la Subtilité d'un *Art*, qui n'a jamais esté
trouvé, que par le

Trés-Noble, Haut, & tres-Puissant *PRINCE*,

Guillaume de Cavendysh,

Duc, Marquis, & Comte de *Newcastle*; Comte d'*Ogle*; Visconte de
Mansfield; & Baron de *Bolsover*, d'*Ogle*, de *Bertram*, de *Bo-
thal*, & d'*Hepwel*: Gentilhomme de la Chambre du lict du
Roy de la *Grande Bretagne*, & Conseillier en ses Conseils d'*Estat*
& *Privé*: Chevalier du tres-Noble Ordre de la *Jartiere*:
Gouverneur pour le Roy de la Province & Ville de *Nottingham*: Grand Maistre des Forets du Nord au dela la Riviere de
Trent: Et a eu l'honneur d'estre Gouverneur du Roy d'apre-
sent en sa Jeunesse, lors qu'il estoit Prince de *Galles*, & d'estre,
bien tost apres, General des Armées du feu Roy dans les
Provinces Septentrionales, & autres circunvoisines, du Royaume
d'*Angleterre*; avec une ample Commission, & Pouvoir special
de faire des *Chevaliers*.

Traduite *mot à mot en François, sur l'Original*
Anglois.

A Londres, Chez *Tho. Milbourn*, MDCLXXI.

AU ROY

DE LA
Grande Bretagne.

SIRE,

L E premier Livre que j'ay escript de l'*Art de monter à Cheval*, imprimé en *François*, a esté honoré de vostre protection; Et j'ose encore prendre la hardiesse d'offrir celuy-cy en *Anglois* à Vostre Majesté; qui n'estant pas seulement le plus grand Roy de la Chrestienté, mais aussi autant Amateur de la Verité que de la Justice, jugera plus sainement que personne d'un Ouvrage, qui continent, je m'assure, le parfait, &

A 2

le

le veritable *Art de monter à Cheval :* Mon devoir
Sire, & l'affection que j'ay pour voſtre Perſonne
Royale, me ſont des motifs, plus que ſuffiſants,
de conſacrer, non ſeulement des Livres; Mais ma
Perſonne, & tout ce qui m'appartient, au ſervice de
voſtre Majeſté; Et outre celà, les faveurs & les
graces que j'ay receues de V. M. ſont ſi grandes,
que je ne puis que luy Sacrifier, ce que je ſuis &
ce que j'ay, comme des choſes qui juſtement luy
appartiennent; ce qui m'en rend la jouiſſance tant
plus douce & plus agreable.   Voſtre ſageſſe, *Sire,*
voſtre Valeur, & voſtre Conduitte obligent tous
vos Voiſins de confeſſer, que *Vous* eſtez le plus
grand Roy qui ſoit jamais monté ſur le Throſne :
Et qu'il plaiſe a Dieu de donner à voſtre Majeſté
la proſperite que meritent ſes grandes Actions, &
un Regne auſſi heureux que long, à la conſolation
& joyë de vos fideles Sujects, eſt ce que ſouhaitte
ardemment & tres-paſſionement

De voſtre Majeſté

Le tres-humble, & tres-obeiſſant Serviteur,

& tres-fidelle Sujet,

GUILLAUME NEWCASTLE.

AUX LECTEVRS.

Y ant paſſé une grande partie de mon *Exil dans la Ville d'An-* vers , ſi renommée par la Civilité que ſes Habitans rendent aux Eſtrangers , & de laquelle j'ay moymeſme reçeu des marques dont je me ſents bien fort leur obligé ; je donnay, pendant ce temps là, au Public, un Livré en François de l'Art de monter à Cheval : Et depuis mon re- tour en Angleterre, ou j'ay eu plus de loiſir, dans la vie retirée que je meine à la Campagne, de re- paſſer en mon Eſprit ce que j'avois obſervé autrefois,

B   &

& de faire de nouvelles experiences en cet Art, je me suis resolu de les publier à present en Anglois, pour la Satisfaction de mes Compatriotes.

Ce livre icy n'est ny une traduction de l'autre, ny une addition qui luy soit necessaire; mais peut servir seul, et sans l'assistance du premier; de-mesme que l'autre, peut estre tous-jours utile, comme il l'a desia esté, sans le secours de celuy ci; J'avouë bien que les deux ensemble seront, sans doubte, plus parfaits, & par consequent plus utiles.

Je ne puis faire mention d'Anvers, en parlant de mon Livre, qu'il ne me faille donner à connoistre au Public l'honneur que i'y ay reçeu de plusieurs Personnes de Qualité, qui me faisoient l'honneur de venir voir mon Manege, et de ce quils avoient la bonté de dire touchant ce qu'ils y voyoient, qui servira d'Eloges aux Chevaux et à cet excellent Art dont i'escris, qu'il auroit autrement fallu mettre en cet en-droit. *Je*

Je fus extremement bien reçeu de Don Jean d'Auſtriche *, quand i'eus l'honneur de voir* S. A. *à la quelle ie fus preſenté par my* Lord Briſtol : Il *me demanda pluſieurs fois mon Livre* François *de l'Art de monter à* Cheval *avant meſme qu'il feut imprimé ; & le reçeut avec ioyë lors que je le luy preſentay : Il ne vit pourtant point mes Chevaux, comme firent tous les* Eſpagnols *de ſa Cour, qui vinrent, dans plus de vingt Caroſſes, à mon* Manege, *pour les voir, avec les quels eſtoit le Duc d'*Arſcot, *& pluſieurs Geutil hommes* Flamans ; *en la preſence deſquels ie montay trois Chevaux, et mon Eſcuyer cinq.*

Aprez qu'ils feurent retournez aupres de Don Jean, *il leur demanda ſi mes Chevaux eſtoient auſſy rares que leur Reputation les faiçoit ; à quoy ils reſpondirent, qu'ils eſtoint tels, qu'il ne leur manquoit de la Creature reaſonable que la* Parolle : *Et le* Marquis de Seralvo, *Eſcuyer de* S. A. *et Gouverneur de la Citadelle d'*Anvers, *luy dit, qu'il mavoit demandé, de quels Chevaux*

B 2

je

je faiçois plus de cas, et que j'avois respondu qu'il y en avoit de mauvais et de bons de tous les Païs ; mais que les Barbes estoient les Gentils-Hommes entre les Chevaux, et les Chevaux d'Espagne les Princes ; responce qui pleut infiniment aux Espagnols, & est tres vrayé.

Le Marquis de Carasena estoit si desireux de me voir monter, qu'il eut la bonté de dire, qu'il ne pouvoit avoir de plus grande Satisfaction, que de me voir à Cheval, quand mesme le Cheval ne feroit que marcher ; Et voyant que mes excuses ne servoient de rien ; bien que i'en fisse souvent, ie me resolus, a satisfaire son obligeante curiosité ; en luy disant pourtant, que i'obeïrois a son Commandement, bien que je n'ignorasse pas, que ie ne pourois que difficillement me tenir en Selle.

Il vinst deux iours apres en mon Manege : & je montay premierenent un tres beau Cheval d'Espagne appellé le Superbe, d'un bay clair ;
qui

qui quoyque difficille à monter, estant neantmoins bien rencontré, estoit le Cheval du monde le plus adroit? Il alloit à Courbettes en avant,
en arrire, a chaque main, & a costé; faiçoit la
Croix parfaitement sur ses Voltes, si juste et si à
temps, qu'il n'y a point de Musitien qui peut mieux
garder la mesure: Il alloit aussy extremement bien
Terre à Terre.

Le Second que ie montay, estoit un autre
Cheval d'Espagne, appellé le Genty, et à bon
droit, car c'estoit le Cheval le mieux fait que
i'aye iamais veu, et le plus joly; il estoit
Bay brun, et avoit l'estoile blanche au front: Je
n'ay point veu de Cheval aller Terre à Terre si
bien que luy, ny si aysement: Il faiçoit si bien
la Pirouette de sa Longueur, et si viste qu'à
peine les Spectateurs voyoient ils la face du Cavalier, quand il alloit; Et en verité quand
il eut achevé j'estois si estourdy qu'à peine me
pouvois je tenir en Selle. Il alloit aussy si parfaitement à Courbettes en avant, qu'il n'y avoit

C

point

point de Cheval qui y allaſt mieux que luy ;
Et neantmoins il n'avoit pas beaucoup de force ;
d'ou l'on peut voir qu'un Cheval agile, leger, et
de bonne diſpoſition , bien temperé , et qui ne
manque pas de vivacité , vaut beaucoup mieux qu'un Cheval qui n'a que de la force :
Et que ces puiſſants et grands Chevaux de
Braſſeurs d'Hollande , qui manquent de vivacité et d'adreſſe , ne peuvent jamais bien aller au Manege.

Le troiſieſme et dernier Cheval que je montay eſtoit un Barbe, qui alloit a Mes-airs fort haut,
en avant, et ſur ſes Voltes ; et fort bien Terre a
Terre.

Quand i'eus acheué, le Marquis de Caraſena
parut fort ſatisfait, et quelques Eſpagnols, qui
eſtoient avec luy, ioignirent les mains, et s'eſcrierent,
Milagro, Milagro.

Pluſieurs Gentils-hommes François, et perſonnes de la plus grande Qualité de cette Nation,
me

me firent la faveur de voir mes Chevaux : Et
le Prince de Condé luy mesme, avec plusieurs
Gentils-Hommes, et Officiers, eut la bonté de
venir deux fois à mon Manege; Et bien que
les François croyent que tout ce qu'il y a de
Cavalerie au monde soit chez eux, neantmoins
un de ces Gentils-Hommes, dont ie viens de
parler, et qui est grand Seigneur en son Païs,
dit en s'adressant a moy, Par dieu, Monsieur,
il est bien hardy qui monte devant vous: Et
un autre dit une autre fois. Il n'y a plus de
Seigneur comme vous en Angleterre.

Entre tant d'illustres Personnes, dont le
vaste Païs d'Allemagne nous donne une si grande quantité, et qui pour la plus part ayment à
voyager; Entre ceux la dis-je le Landgrave de
Hesse, ne se contenta pas de m'honorer de sa vi-
site, et de voir mes Chevaux, mais eut la
bonté, estant de retour en son Païs, de me
faire voir, par une obligeante lettre, dont il
m'honora, qu'il ne m'avoit pas oublié, ny l'a-
mour que i'ay pour les Chevaux; car il me pro-

C 2

mist

mist de m'en envoyer deux qu'il avoit nourris: mais il fut tué peu de temps apres en la Guerre qui estoit pour lors entre les Roys de Suede et de Poulogne.

Quelque peu riche que je feusse, en ce temps là, i'achetay, à plusieurs fois, quatre Barbes, cinq Chevaux d'Espagne, et plusieurs Chevaux Allemans, tous aussy bons Chevaux qu'on puisse voir; et entre autres un Sauteur gris, le plus beau que i'aye iamais veu, et qui alloit extremement haut et juste, en ses sauts, sans aucune Ayde; comme aussy sur le Terrain, et Terre à Terre merveilleussement bien, & sembloit estre quelque chose de plus que Cheval: Le Duc De Guise en entendant parler, me fist escrire par deux Gentils-Hommes, l'un François, et l'autre Anglois, que si je voulois m'en desfaire, il m'en donneroit six cents pistoles; mais il estoit mort trois jours avant que je receusse leurs lettres; & quand mesme il eust esté encore en vië, je ne l'aurois pas vendu pour quoy que ce feut, estant un Cheval hors de prix; outre que j'estois trop pauvre, pour

pouvoir

pouvoir m'enrichir par la vente d'un Cheval :
J'ay despencé plusieurs milliers de livres sterlings
en Chevaux, & en ay donné plusieurs par present ; mais ie n'ay jamais esté bon Maquignon,
mon inclination estant fort esloignée de faire ce
traficq.

Le Roy mesme, qui juge tres - bien des
Hommes, et des affaires ; des choses necessai-
res, et de celles qui ne servent qu'au divertisse-
ment, aimoit fort ce Cheval ; Et comme j'ay
eu l'Honneur, estant son Gouverneur, d'estre le premier à le mettre à Cheval, et de
l'instruire comment il les faut monter ; Je fais
mention, avec joyë et satisfaction, de celle
que j'eus, de voir que S. M. faiçoit aller
mes Chevaux mieux que pas un Escuyer François ou Italien, qui les ait jamais montez,
et de luy entendre dire, qu'il y a peu de gens
qui connoissent les Chevaux, ce qui estoit tres-
bien dit, & avec grand jugement ; estant
tres-certain, que tout le monde entreprend
de les monter, mais il y a peu de gens qui

D

les

les connoiſſent , ou puiſſent dire à quoy ils ſont propres.

On feroit un gros Volume , ſi on vouloit repeter tous les Eſloges , qui ont eſté donnez aux Chevaux , et à l'Art de les monter , par pluſieurs braves Gentils-Hommes de toutes les Nations ; de la haute et baſſé Alemagne, d'Italie , d'Angleterre , de France , d'Eſpagne , de Poulogne , et de Suede , en mon Manege à Anvers , qui , quoyque fort ſpatieux , eſtoit ſouvent ſi plein , qu'à peine mon Eſcuyer , Le capitaine Mazin , avoit il aſſez de place pour monter : Mais ce que i'en ay dit desja pourra ſuffiſemment ſervir d'entrée à ce Livre.

Et aprez que j'auray averti mon Lecteur, que je l'ay diviſé en quatre Parties , & chaque Partie en pluſieurs Paragrafes , ou Sections , en quoy je ne pretends pas avoir obſervé une methode fort exacte ; je le ſupplieray de prendre en bonne part , ce que j'ay eſcrit , (qui
eſt

est le plus clairement que j'ay peu, *fans* l'ayde d'aucune Logique, que de celle que la Nature m'a appris) touchant les remarques que j'ay faites en cet Art, par une longue experience, grande defpence, mais auffy tres-agreable, & pleine de fatisfaction.

NOUVELLE

Avertissement.

NOUVELLE METHODE
ET
Invention Extraordinaire
POUR DRESSER
LES
CHEVAUX.

PREMIERE PARTIE.

Des divers Autheurs *qui ont escrit* de l'Art de monter a Cheval, *tant* Italiens, François, *que* Anglois.

E Noble & Excellent *Art* fut premierement commencè & inventè en *Italie,* ou tous les *François,* & plusieurs d'autres *Nations* alloient pour l'apprendre : Ce feut a *Naples,* ou la premiere Academie pour monter a Cheval feut establië, & *Frederic Grison Neapolitain* feut

B

le

feut le premier qui en eſcrivit, ce qu'il fiſt en vray
Caualier, & comme un grand *Maiſtre* en un *Art* qui
n'eſtoit alors qu'en ſon Enfance. *Henry* Huitieſme
fiſt venir aupres de luy en *Angleterre* deux *Italiens*, ſes eſcholiers, & de l'un d'eux vinrent tous
nos *Alexandres*, qui par le moyen de leurs eſcholiers emplirent le Royaume d'*Eſcuyers*.

Monſieur le Chevalier *Sydney*, amena un Eſcuyer
Italien, nommé *Signor Romano*, pour monſtrer a
ſon Neveu *Guillaume* Seigneur de *Herbert*, qui
fut quelque temps aprez Comte de *Pembrok*; Et le
meſme Chevalier *Sydney* fiſt auſſi venir un autre
Eſcuyer *Italien*, appelé *Signor Proſpero*: Le vieux
Comte de *Leiceſter* fit encore venir un excellent
Eſcuyer d'*Italie* appellé *Signior Claudio Curtio*, qui
compoſa un liure de l'*Art de monter a Cheval*,
que les Autheurs *Italiens* citent ſouvent; mais
je crois que la plus grande partie de ſon liure eſt
tirëe de celuy du *Griſon*. *Laurentius Cuſſius* eſt
auſſi un Antheur *Italien*, qui n'eſt pas des meilleurs,
& qui nous enſeigne l'uſage de certains horribles
Mords. *Ceſar Fieſque* a auſſi eſcrit, & beaucoup
tirè du *Griſon* es endroits ou il meſle dela Muſique
dans

dans son livre. Ily a encore un autre livre de *l'Art de monter a Cheval* intitulè *Gloria de Cavallo* avec de longs discours, qu'il a quasi tous tirez du *Grison*; Ily a encore un autre livre *Italien*, appelè *Cavallo frenato de Pietro Antonio Neapolitain*, en grande partie pris du *Grison* : Mais la plus part de ce livre consiste a d'escvire des *Mords* de peu d'utilitè, quoy qu'il semble que se soit quelque chose de rare: Lè plus celebre Escuyer qui fut jamais en *Italie*, estoit a *Naples*, & estoit *Neapolitain*, nommè Signor *Pignatel*, qui n'a rien escrit : *Monsieur La Brouë* monta cinq ans sous luy, *Monsieur Pluvinel* neuf, Et *Monsieur St. Anthoine* plusieurs annèes. Le Canon avec une Libertè de Langue, qui est le meilleur que nous ayons aujourd'huy, S'apelle a *la Pignatelle*.

Ces trois *François*, dont i'ay ci dessns fait mention, & qui firent leur Aprentisage soubs *Signor Pignatel*, emplirent la *France d'Escuyers François*, qui estoit auparavant pleine d'*Italiens*. Je crois que *Monsieur La Brouë* a estè le premier qui à escrit en *François* de l'*Art de monter a Cheval*, & le premier *François* qui ait iamais

A 2

escrit

escrit de cet *Art* : Son livre est fort ennuyeux, &
il y a bien des parolles pour peu de choses ; Le
premier qu'il a escrit est entierement pris du *Grison,*
& le second des leçons du *Signor Pignatel.* Mais
La Brouë pour paroistre plus habile qu'il n'estoit,
(en ayant l'honneur de composer un livre) divise
le cercle en plusieurs parties, pour faire venir le
Cheval au Cercle entier, ce qui trouble plus un
Cheval, & luy est plus difficile a apprendre, que
de le *Travailler* sur le Cercle entier du premier
coup : Quant au troisiesme livre de *La Brouë*
touchant les *Mords*, il ne contient pas grand
chose ; Mais quant a *Monsieur Pluvinel*, il n'y a
point de doupte, que ce ne fust un tres excellent
Escuyer, sinon que son invention des *Trois Piliers*,
dont son livre pretend estre une methode absoluë,
n'est qu'une Routine, qui a gastè plus de *Chevaux*, qu' aucune autre chose ait iamais fait ; Car
on ne peut iamais rendre les *Chevaux* obeissants a
la main & au talon par cette invention la, & ils
n'iront bien que dans la place ou on a accoustumè
de les monter, ni la non plus : Mais mon livre
n'a, ie vous assure, estè pris d'aucun autre, & ce n'est

que

que ma propre *Prattique*, qui eſt auſſi vrayë qué nouvelle : Que s'il ſe trouve quelqu'un à qui mon livre n'agreé pas, c'eſt une marque infallible qu'il ne lentend point du tout : car il n'y à point de Methode pour dreſſer les Chevaux qui luy puiſſe eſtre accomparèë ; mais s'il n'eſt pas tout a faict bon, touſiours ſuis ie aſſeuré, que c'eſt le meilleur qui ait eſté eſcrit par cy devant ; car ie ne ueux point iuger de ce qu'on eſcrira a l'aduenir.

Les Autheurs *Italiens* ſont fort ennuyeux, & eſcrivent plus, des Marques, des Couleurs, du Temperamment, des Elements, de la Lune, des Eſtoiles, des Vents, & de la Segnèë, que de *l'Art de monter a Cheval* ; ils ſont ſatisfaits pourveu qu'ils compoſent des liures, & ayent l'avantage de les mettre au iour, bien qu'ils ignorent *l'Art* dont ils eſcriuent.

Il y eut un nommé *Signor Annibal* de *Naples* qui uinſt en *Angleterre*, & entra au ſervice de my Lord *Walden.*

Monſieur St. *Anthoine*, *François de Nation* eſtoit tres bon homme de *Cheval*, & feut envoyè

C

ici

ici par *Henry quatriesme,* pour enseigner le *Prince Henry*; Monsieur *la Coste* estoit son Page, & montoit tres bien, principalement les Sauteurs; Monsieur *Boisclair* a monté sous luy, & a esté tres bon homme de Cheval. Monsieur *De Fontenay,* qui estoit, ou son neveu, ou son fils naturel (car en mourant il luy donna tout son bien) estoit aussy tres bon Escuyer; mais pas un d'eux n'a escrit de *l'Art de monter a Cheval*; Et le meilleur Escuyer que i'aye iamais cogneu, c'est un que i'ay enseignè, & qui monte selon ma Methode, a sçavoir le Capitaine *Mazin,* a present Escuyer du Roy.

Que c'est un erreur fort grossiere, & de grand prejudice, de croire que le Manege est inutile.

PLusieurs disent, que tout ce qui se fait au *Manege,* n'est que Tours, que Dances, que Gambades, & tout cela de point, ou peu d'utilité; mais, avec leur permission, quiconque dit cela se trompe extremement; car un Cheval qui est

bien

bien mis dans la main, eſt ferme, & obeiſſant a la main & au talon, galope en campagne, & change auſſy ſouvent, & auſſy juſte que vous voulez, ſoit en dehors, ſoit en dedans le Cercle; *Serpige*, va *Terre a Terre*, fait la *Piroüette*, & enfin faict tout ce qu'il vous plaiſt : & tout-cela ſur le *Terrain*, dont chaque petite partie eſt tres profitable; & ſi utile, qu'un bon Eſcuyer, monté ſur un tel Cheval, aura un tres grand avantage ſur celuy qui parle contre cet Art, ſoit dans un combat particulier, ſoit a la guerre; Car un Cheval adroit, & bien dreſſé, courra, s'arreſtera, tournera, reculera; que s'il s'eſleve, il ſçait comment s'abaiſſer, & eſt ſi ferme, & ſi bien dans la main, que vous ne le pouvez renverſer avec les deux mains; & ſi obeiſſant, qu'on le peut pouſſer dans le feu, dans l'eau, & ſur des eſpèes, ſans qu'il refuſe d'obeir; ce qui ne ſe peut faire que par *l'Art* qui apprend à monter a Cheval, qui eſt celuy du *Manege*.

Mais qu'eſt ce qui fait parler ces gens contre cet *Art*? la premiere raiſon eſt, parce qu'ils l'ignorent, & ainſy en parlent ridiculement, comme

C 2

font

font les plus habiles, quand ils parlent d'une choſe
a laquelle ils n'entendent rien ; & croyent gagner
leur cauſe par des paroles : Mais la veritable raiſon eſt, qu'ils ſe trouvent incapables de monter a
Cheval, en aucune façon, que fort mal ; & nullement un Cheval de *Manage* ; Et ils voudroient
eſtre eſtimez excellents en tout, bienqu'ils ne veulent pas prendre la peine de rien aprendre ; &
dautant qu'ils ne peuvent pas aprendre a monter a
Cheval, par inſpiration & ſans prendre peine,
cet *Art* (a leur avis) n'eſt bon a rien, & n'eſt
d'aucun uſage ; Mais ſi tout ce qu'ils ne peuvent
point faire eſtoit mauvais, il y auroit, en veritè,
peu de bonnes choſes an monde : un'autre raiſon eſt, qu'ils croyent qu'il n'eſt pas ſeant a un
Gentilhomme de bien faire quoy que ce ſoit ;
Non pas meſme d'eſtre bon *Cavalier* ; Pourquoy
non ? puis qu'il y a pluſieurs Roys & Princes qui
ne tiennent pas a honte d'eſtre bons *Hommes de
Cheval.*

Noſtre excellent *Roy,* n'eſt pas ſeulement
tres bien à Cheval, & avec la meilleure grace
du monde, mais de plus il s'y cognoiſt & n'igno-

re

re rien de ce noble *Art*, dont nous parlons,
voire il n'y a perſonne qui faſſe aller un Cheval
ſi bien que i'en ay veu aller ſous *S. M.* la premiere fois qu'il en monta; ce qui eſt fort extraordinaire; & neantmoins i'oſe dire que le *Roy* ne
tient point a deſhonneur d'eſtre excellent *Homme
de Cheval*: Le Duc *de Torc* s'en acquitte auſſi
parfaittement bien, & tous deux s'en tiennent
honorez, & tombent d'accord, que c'eſt une qualité auſſy galante, & auſſy utile, qu'un Prince
puiſſe avoir.

Le Duc *de Mommorency*, Coneſtable de *France*
& le premier Gentilhomme de la Chreſtienté,
eſtoit le meilleur *Homme de Cheval* du monde,
& juſqu'anjourd'huy les meilleures *Branches des
Mords* ſont de ſon invention, qu'on apelle a la
Coneſtable; il inventa auſſy les meilleurs *Eſperons*;
& jamais Eſcuyer ne monta comme luy, eſtant
aſſeurement (ainſy que i'ay deia dit) le meilleur
Homme de Cheval qui feut au monde, de quoy
il ſe tenoit fort honorè; le Prince *de Condè*, ſon
petit fils, du coſté de la Princeſſe ſa mere, eſt
tres excellent *Home de Cheval*, & ne tient point
cette qualité a deſavantage.   D   La

La Plus part des Princes de *France* eftiment beaucoup, l'*Art de monter a Cheval*, & montent parfaitement bien; le Roy mefme eftime infiniment cet exercice, & eft tres bon *Homme de Cheval*: Il y a bien plus, on ne fait point de cas en *France* d'un Gentilhomme s'il ne monte bien a Cheval.

Le deffunt Roy d'Efpagne n'aymoit & n'entendoit pas feulement, mais eftoit abfolument le meilleur *Homme de Cheval* qui feut en tout fon Royaume.

Je prieray donc ces gens, la, de n'eftre pas fi feveres, & de croire que ce ne leur fera point un defavantage d'eftre bons *Cavaliers*; mais c'eft leur conftume, & de la plus part du monde de trouver mauvais tout ce qu'ils ne peuvent faire; qui eft une mefchante procedure & tout a fait depourveuë de fens : Celuy la ne fera iamais rien de bien qui ne veut point prendre peine, car les *Arts*, les *Sciences*, & les bonnes *Qualitez* ne viennent point d'elles mefmes, mais on les acquiert, par un grand travail, une longue eftude, & une difficile, & ennuyeufe prattique : mais ces gens

la

la n'en veulent point a ce prix, & voudroient
apprendre toutes chofes auffy ayfement que les
fept peches mortels & avoir auffy peu de peine
qu'il y à a porter de riches habiths, & de belles
plumes.

Mais voyons de quel air, & en quelle pofture,
ces gens la font a Cheval, & ce queleurs Chevaux font fous eux : un *Cavalier*, tel que ceux
dont nous venons de parler, fe fied autant en
arriere qu'il peut fur la felle, eftend, & roidit
fes jambes devant les efpaules du Cheval ; met
la pointe du pied en dehors, affin qu'il le puiffe
piquer aux efpaules, & courbe le dos; & voila
ce qu'ils appellent une belle pofture, ne fçachant
pas feulement comment tenir la bride en main,
ni donner aucune ayde; Il paroift fur ce Cheval
comme s'il eftoit à demy yure, tant cette affiette
eft ridicule; Et apres avoir envoyè fon Cheval
au fellier, ou a l'Efperonnier, pour l'*Emboucher*,
il s'imagine que tout va bien.

Un homme ainfy monté, & en la pofture que
je vous ay defcrite, ayant fon Cheval dreffé
(comme ils appellent) pour l'*ufage*, vous vernez

D 2

qu'auec

qu'auec tout ſon ſçavoir, quand il voudra tourner à qauche, ſon Cheval tournera à droitte, &
quand il voudra tourner a droitte ſon Cheval
tournera a gauche; Quand il voudra arreſter, ſon
Cheval s'enfuira, & quand il voudra avancer, il
reculera; s'il le veut faire reculer, il s'eſleve & ſe
renverſe par deſſus luy, & voila mon bon *Cavalier*
couchè par terre; enſuitte de quoy il faut envoyer querir le Chirurgien, pour luy remettre
les os qu'il s'eſt caſſez, bien heureux de ne s'eſtre
point tué; Enfin le Cheval d'un tel homme,
n'approchera iamais des Trompettes, des Tambours, des Enſeignes, des Piſtolets, ou des Eſpeès,
ſur quoy il cherche cent ſottiſes pour s'exculer ſoy
meſme & ſon Cheval; & ne voila pas un excellent *Cavalier*, & un Cheval bien dreſſé pour
l'uſage? comment pouroit il eſtre autrement, le
Cheval ne ſçachant à quoy obeir, ſoit a la main,
ſoit au talon; & le *Cavalier* eſtant auſſy ignorant
que ſon Cheval: Il s'enſuit de tout cela que
rien n'aſſeure mieux un Cheval que le *Manege.*

Il ſeroit a ſouhaitter, que tout Cheval, qui
porte Mords, ſoit Hongre, ſoit Poulain feut

Tra-

Travaillè au *Manege*, pour eftre ferme dans la
main, non feulement pour l'Adreffe, mais pour
la feuretè, quand ce ne feroit que pour porter
un Evefque, un Juge, ou une Dame; car fi un
Cheval n'eft bien mis dans la main, il eft inutile
a tout & fort dangereux.

Je m'eftonne qu'il y ait des gens affez prefomp-
tueux, pour croire pouvoir bien *Monter a Che-*
val, & comme de bons Efcuyers, parceq'uils
peuvent aller a Cheval de Barnet à Londres,
ce que tout le monde peut faire ; & j'ay veu des
femmes monter à *Califourchons*, auffy bien
qu'aucun de ces fortes de gens ; On n'a d'aucun
autre *Art* la mefme penfeé que de celuy de
Monter a Cheval au quel tout le monde fe dit
maiftre, ce qu'ils ne font pas voir eftant a Cheval : Je crois avoir fuffifemment demontrè leur
erreur, & leur ignorance; & j'ay, fe me femble
affez bien prouvé, qu'il n'y a point de Chevaux utiles, que ceux qui font dreffez au *Ma-*
nege.

Il me refte a dire que les *Courbettes,* & les
autres *Airs* mettent parfaittement bien un Che-
E   val

val dans la main, le rendent legier du devant, & le mettent fur les hanches, chofe fort utile pour un Cheval de Guerre; Ces *Airs* le font encore arrefter fur les hanches, ce qui eft tres utile pour un homme armé : Car le Cheval s'arreftant fur les efpaules donne un tel choc au *Cavalier*, qu'il luy mettroit les os en danger feut il le plus fain du monde. Ces *Airs* font de plus aller un Cheval par faults, & l'affeurent dans la main, ce qui eft tres propre & bon pour un Cheval de Soldat.

Mais quelque Gallant dira; Quand ie voudray me fervir de mon Cheval en campagne, il ne fera que des tours; en quoy ce Galant fe trompe, car les *Aydes* dont on fe fert pour faire aller un Cheval par *Airs*, & celles dont on fe fert pour le faire aller fur le *Terrain* font bien differentes; Et les bons Efcuyers ont affez de peine, avec leurs meilleures *Aydes*, à faire aller un Cheval par *Airs*; de forte que fi vous le laiffez coy, il ne vous incommendera nullement, outre que deux ou trois jours de chemin empefcheront bien quels Chevaux que ce foient, d'aller par

Airs

Airs, quand meſme vous le voudriez; Et les *Airs* les rendant plus propres a aller ſur la *Terre*, fait bien voir qu'il n'y à point de Cheval qui puiſſe eſtre bon & utile, de quelque maniere que ce ſoit, avec le Mords, s'il n'eſt *Travaillé* au *Manege*.

Je vous advertiray donc, pour voſtre ſeureté & utilitè, de monter toutes ſortes de Chevaux au *Manege*, & vous trouverez vray ceque je vous dis, qu'il n'y a point de Cheval, ny ſeur, ny utile, ny qui puiſſe aller avec un Bridon, s'il n'eſt premierement monté avec le Mords. Et enfin ſi nous regardons au plaiſir, & a la mag-nificence: Quand eſt ce qu'un Prince a plus la mine de Prince, au de Monarque, que lors qu'il eſt ſur un fort beau Cheval, magnifiquement & riche-ment arnaché de riches houſſes, ou de belles ſel-les, ombragè de plumes, faiſant ſon entreë en dè grandes villes, cequi remplit le Peuple d'admira-tion, de plaiſir, & de joye?

Et qu'y à t'il enfin de plus glorieux & de plus digne d'un homme, que de faire des cour-ſes de Bague ou des Tournoys, *Rompre en Lice*

& *au Faquin*, a la celebration du Mariage de quelque grand Prince ? Que voyons nous de plus beau, & de plus divertiſſant, qu'un Cheval, allant en ſes differents *Airs*, & qu'une ſi excellente creature, auec tant de vivacitè, & de force, obeit ſi punctuellement à celuy qu'elle porte, & qu'elle ſemble n'avoir de volunté que la ſienne; & que (comme le Centaure) le Cheval & le *Cavalier* n'ayent qu'un corps, & qu'un eſprit; Mais outre tout cela, y a t'il rien qui ſoit plus ſeant a un Roy que d'eſtre veu bien monté a la teſte de ſon Arméë.

Je pretends vous faire voir par là, qu'il n'y a rien de plus utile qu'un Cheval de *Manege*; ny rien ſi noble, ſi magnifique, ſi digne d'un homme, ny ſi divertiſſant que de *Monter a Cheval*, & que comme c'eſt le plus ſain, auſſy eſt il le plus noble, de tous les Exercices : Car ſoit à la chaſſe, ſoit à l'oyſeau, aux jeux de boule, à tirer de l'arc, aux jeux de cartes, au de dez, vour n'y avez que le ſeul plaiſir; Mais au *Cheval de Manege*, vous y rencontrez le plaiſir & l'utilité joints enſemble. Il eſt bien uray qu'à examiner

les

les choſes de prez, s'il n'y avoit rien de recomman-dable que ce qui eſt utile, nous n'aurions beſoing pour faire nos demeures, que d'arbres creux, que de feuilles de figuier pour nos habits, que de glan pour noſtre nouriture, & que d'eau pour noſtre bruvage : Car il eſt certain que la plus part des autres choſes peuvent eſtre dites inutiles & n'eſtre que des curioſitez ſuperfluës.

Je ne treuve point à redire aux divertiſſi-ments d'autruy, ie juſtifië ſeulement les miens, ſans les flatter; à quoy j'ay eſté contraint par d'impertinents diſcours, qui ſe font par le mon-de ; Mais ie laiſſe a chacun ſa façon d'agir, & ſes plaiſirs; deſirant que l'on me traitte de meſ-me, ce que ie recevray pour une grande faveur ; Que s'il arrive qu'on ne me veuille pas accorder cette grace, & que l'on refuſe auſſi de me faire juſtice, cela me faſchera ſi peu, qu'en conſcience, ie n'en dormiray pas moins, & n'en perdray pas un moment de repos.

F   Qu'un

Qu'un bon Escuyer peut bien estre jetté à bas de son Cheval Sans faire honte à l'Art de monter à Cheval, contre l'erreur du vulgaire.

LA plus part du monde se trompe extremement de croire, qu'on a droit & raison, de rire, si un Cheval jette son homme par terre ; disant en raillant, du meilleur Escuyer du monde, a qui ce malheur arrive, que voila un excellent *Cavalier* ! & aprez cela ils se donnent a tous les diables qu'ils l'ont veu tomber de Cheval. Mais il faut que ces gens là sçachent qu'un bon *Homme de Cheval* peut plustost tomber de son Cheval, qu'un autre qui ne le fera point du tout ; Parce que celuy qui est bon Escuyer, pensant peu à s'asseurer, peut facilement estre surpris, s'appliquant entierement a faire bien aller son Cheval, sans se precautionner contre la cheute ; au lieu que celuy qui n'est pas bon *Homme de Cheval* ne pense qu'à se bien asseoir ; car autrement il craindroit de tomber, ne songant pres-

que

que jamais a bien faire aller ſon Cheval, parcequ'il ne le ſçait pas faire ; Mais il ſe tient au
Crain, ou au Pommeau de la ſelle, ayant ſa
teſte ſur celle du Cheval, preſt a s'enfoncer les
dents, & ſerrant les flancs auec ſes jambes ; ce qui
le rend ſi difforme a Cheval, que vous le pren-
driez pour quelque Monſtre *d'Afrique*; Et le
Cheval eſt ſi mal agencé, qu'une telle aſſiette eſt
la choſe du monde la plus eſpouventable, & la
plus deſagreable aux yeux des Spectateurs ; Il
vaudroit mieux, pour l'honneur, & la reputation
d'un tel *Cavalier*, & il ſeroit plus agreeable aux
Spectateurs, qu'il tombaſt par terre, pourveu qu'il
ne ſe bleſſaſt point en tombant.

Voüz voyez de la, qu'il n'y à point de Palefrenier ou de Chaudronnier, qui ne puiſſe s'aſſeoir à
Cheval, ſans pourtant eſtre bons *Cavaliers* ; car
il eſt plus difficile d'eſtre bon *Homme de Cheval*
que de ſe tenir dans la ſelle : Car un ſinge a
Cheval ſe tient fort ferme, & ſans danger de
choir, mais il n'à pas la meilleure grace du monde, & n'eſt pas fort bon *Eſcuyer*; l'aſſiette n'eſt
qu'une des choſes appartenantes a l'*Art de monter*

a Cheval, & il y en a mille autres plus confide-
rables; Si donc un bon *Escuyer*, par hafard, tombe
de fon Cheval, à t'il pour cela perdu la reputation
de fçavoir l'*Art* dont il faiƈt profeffion? Et un
ignorant eft il tout d'un coup infpiré de cette
fçience, parce qu'il fe lie, fans aucune grace, au
Cheval, & demeure deffus? Non affeurement;
car une ferme affiette eft la moindre chofe qui foit
en cet *Art*, qui en comprend beaucoup addavan-
tage, & de plus grande confequence.

Je vous diray neantmoins, que ie n'ay jamais
cogneu de bons *Cavaliers*, qui ayent efté jettez
par terre; mais bien plufieurs ignorants; Il eft
bien vray, que tout ainfy que fi un bon *Escuyer*
tombe, par malhenr, de fon Cheval, il ne perd
pas la fçience qu'il à acquife; demefme fi un ignorant fe tient ferme il ne fera pas, pour cela,
meilleur *Cavalier*; Car on fe mefprend auffi ridiculement en cela que de prendre (comme on
faiƈt ordinairement) l'affiette ferme fur un Cheval
pour l'*Art* entier du *Manege*.

Le

Le vieux Griſon, *& ſon Traducteur* Blundeville
ANATOMIZEZ.

LE vieux *Griſon*, & pluſieurs Autheurs *Ita-*
liens, veulent qu'on ſe ſerve, pour les Poulains, d'une *Bardelle*, (qui eſt une ſelle de paille)
à mettre ſur leur dos, & d'un Caveſſon de corde
ſur le nez : qui eſt une invention qui ne ſert de
rien qu'a perdre le temps. Ils veulent en ſuitte
que pendant deux ou trois ans, on trotte les
Poulains, dans des deſcentes & des monteés, pour,
diſent ils, leur apprendre a s'areſter ; qui eſt une
choſe fort mal à propos, & qui conſomme beaucoup de temps.

Ils veulent avoir un cercle, ou un rond, comme
ils l'appelent, d'un arpent de terre labouréë, pour
y faire faire cent tours au Cheval ; Ce qui luy
eſt plus facheux que de le monter une journéë
de trente miles ; Et ie ſuis eſmerueillé qu'elle
ſorte de Chevaux ils avoient en ces temps là ;
Car ie ſuis aſſeurè que ceux que nous avons

G

au-

aujourd' huy ne ſont pas capables de cette fa-
tigue.

Ils enſeignent qu'il faut monter un Cheval
deux ou trois heures en un jour, & à une ſeule
fois ; au lieu qu'un ſeul homme en peut monter
une demy douzeine pour le moins, en une heure,
& les laſſer aſſez.

Quant a leurs ſimples tours, & leurs doubles
tours, appelez *Radopiare*, c'eſt une choſe ridicule ; de meſme que le *Repolone*, qui eſt de galoper
un Cheval un demy mile, & en ſuitte le tourner
de mauvaiſe grace, & faux : Et tous leurs differents *Maneges* de *Metzo tempo*, *Tutto tempo*, &
Contra tempo, ne ſout pas meilleurs.

Pour cequi eſt d'un Cheval retif, ils ſouleuent
tout une ville, tant ils font de briuct avec des
baſtons pour le battre, & ont d'autres curieuſes
inventions, comme des ſeringues, du feu, de
petits chiens, des heriſſons, des clous, & ie ne
ſcay quoy davantage : Et ils en font autant au
devant d'un Cheval qui fuit, qu'au derriere de
celuy qui eſt retif.

Et pour l'eſperonner, ils ſe ſervent de baſtons
noüeux

noüeux & pointus, & s'il ne veut pas endurer les esperons, ils empliſſent des bottes de paille, y attachent des eſperons, & puis pendent les bottes aux coſtez du Cheval, ce qui ne vaut pas une paille ; ils ſe ſervent auſſy de la *Chambetta*, qui n'y fait pas plus que le reſte.

Pour un Cheval qui s'eſpouvente, & qui eſt ombrageux, ils ſe ſervent de certains inſtruments de differentes Couleurs, qui le rendent dix fois pire ; Ee ie ne trouve rien de ſi deplorable que de mettre des pierres au chemin dés Chevaux, & de creuſer des foſſez, pour les leur faire traverſer ; Ils ont ainſy divers moyens, pour la *Credenſa*, qui ne les en gueriſſent neantmoins jamais.

Ils nous avertiſſent de bien prendre garde, de ne point affoiblir le col des Chevaux ; & c'eſt la une de leur principales remarques ! Mais Monſieur *Blundevile* ne ſçait pas que tous les Chevaux ſont des animaux de col roide..

Le Sieur *Pagano*, ne mettoit jamais ſes Chevaux qu'au pas, ou tout au plus au Trot, ce qui, ie ſuis fort aſſeuré, ne dreſſera jamais un Cheval, & neantmoins (dit Monſieur *Blundevile*)

on

on s'eſtonnoit qu'en moins de huit jours il luy faiſoit courir une Carriere, ce que i'entrependray de faire des le premier matin que ie le monteray.

Il meſprend l'*Air*, en parlant de la *Capriole*, de meſme qu'il ſe tompe en ſa façon de *dreſſer* les Chevaux.

Pour ce qui eſt des *Courbettes*, Monſieur *Blundeville* ne les entend non plus que le *Griſon* ſon maiſtre, quand il dit, que les *Eſpagnols* ſe plaiſent à faire aller leurs Chevaux en *Courbettes*, ce que jamais ils n'ont peu faire : Mais il prend le *Trepignement*, & le *Piaſer* pour des *Courbettes* en quoy il eſt fort trompé ; car la *Courbette* eſt le plus difficile de tous les *Airs*, à quoy pas un Cheval ne peut parvenir qu'il ne ſoit parfaittement bien à la main, obeiſſant au talon, & ſur les hanches, ce qui n'eſt point un *Trepignement* des pieds.

Le *Monter court*, il appele à la façon des *Turcs*, en quoy il ſe trompe extremement ; car c'eſt a la *Genette* ; qui eſt auſſy la maniere des *Eſpagnols* ; & il ſe meſprend de faire monter

court

court aux *Courbettes*, car c'eſt celuy de tous les *Airs* ou ie veux monter plus long; Il ſe trompe encore lors qu'il dict, qu'il ne voudroit avoir que deux Chevaux dans l'Eſcurie de *S. M.* qui allaſſent en *Courbettes*; cela n'eſtant, dit il, d'aucun uſage, parce que les Chevaux s'amuſeroient à de telles bagatelles, ſe panadant haut & bas, lors qu'ils doivent aller ſur le *Terrain*. Il ſe meſprend, dis ie, d'autant qu'il n'y a rien qui mette mieux un Cheval dans la main, que les *Courbettes*, ce qui eſt fort utille; De plus il n'y a rien encore qui mette un Cheval ſur les hanches, & l'y aſſeure davantage, que la *Courbette*, ce qui eſt auſſy fort utile. Monſieur *Blundeville* eſt ſans doubte extremement trompé de croire, qu'il ira à *Courbettes* quand il faudra qu'il aille ſur le *Terrain*, car les *Aydes* ſont differentes : Et qu'un Cheval ſoit le plus enclin du monde, ou parfait aux *Courbettes*, ou meſme *dreſſé* ſur le *Terrain*, (qui eſt la premiere choſe qu'on doit faire) j'oſe dire qu'il ne paroiſtra jamais, quand ie le monte, d'avoir aucun deſir d'aller à *Courbettes*, mais il ira auſſy juſte ſur le *Terrain* que ie voudray, car les *Aydes* ſont fort differences. H Il

Il dict, qu'en cinq ou ſix mois, il faira galoper la compagne à un Cheval, ce qui eſt tres
neceſſaire pour un Cheval de Guerre, & cela
n'eſt pas plus (comme il l'entend) que de le
faire galoper dans un arpent de terre, & le changer en galopant : Ce que i'entreprendray de faire
faire à un Cheval de charette en trois jours.

Ils creuſent, outre cela, des *Cercles*, & l'y
enferment, ce qui eſt une folië èpouventable, car
ie ne veux avoir pour *Parer*, qu'une place unië
ſans aucune de ces bagatelles, & y *Dreſſeray* parfaittement quelque Cheval que ce ſoit, par la
Methode de mon autre livre François, au quel
ie vous renvoyë.

Il n'y a rien de ſi ridicule que les Mords, ou
Embouchures de Monſieur *Blundevile*; les yeux
n'en valent rien, les branches ne ſont gueres
meilleures, & la bouche eſt pire que tout le
reſte, avec des pieds de chats, des portes, & des
portes rompues; Quant à ſes Mords complets, ils
ſont entierement abominables, avec leur chaiſne
d'eau, & leur tranchefile, la bouche du Mords
eſtant auſſy groſſe que le poing, & les branches

auſſy

auffy longues que le bras ; la gourmette auffy
groffe que feroit unc chaifne pour le nez du Cheval, avec la tranchefile volante d'un certain ouvrier
appellé *Thomas Story*, qui eft un filet attaché
au Mords, & autres telles fottes & ridicules fólies ;
Les jambes de ces Mords font auffy lafches,
que fi elles eftoient rompues aux genoux, &
font pour ayder haut & bas comme fi c'eftoient
des ailes de moulin à vent.

Il voudroit que nous frapaffions un Cheval
avec un bafton, ou une verge, entre les oreilles,
& fur la tefte ; Ce qui eft une chofe abominable,
bien qu'il croië, que ce foit un grand, & rare
fecret.

Cecy fuffit, & c'eft affés parlé dela maniere de
Monter a Cheval de Monfieur *Blundeville*, qui
eft une traduction en *Anglois* du *Grifon*.

La Methode du Sieur *Blundevile* pour a-
voir des Poulains, qui eft de lacher l'Eftalon aux
Cavales, eft paffablement bonne, mais de l'y remettre a la *Tonfaint*, entierement mauvaife : Il
n'eft pas naturel de les faire couvrir à la main, &
vous n'en aurez pas la moitié de pleines eftants
ainfy couvertes. H 2 C'eft

C'eſt encore une choſe tout a fait ridicule,
pour avoir un Poulain, ou une Poulaine, de lier
le couillon droit ou gauche; de remarquer la
lune, ou le vent; car de vouloir avoir des Poulains ſelon l'Almanacq, me ſemble une grande folië; Et il n'eſt pas moins ridicule de mettre des
toiles peintes, ou autre choſe, devant les Cavales,
pour avoir des Poulains de quelle couleur qu'on
en veut avoir.

Que ſi incontinent que le Cheval a Couvert
la Cavale il deſcend du coſté droit, ce ſera un
Cheval, & ſi à gauche ce ſera une Cavale; & ſi
tant de jours apres que la Cavale à eſté mon-
tëë ſon poil paroiſt comme s'il avoit eſté calen-
dré, & luiſant, àlors elle a conceu; ſi elle n'eſt
pas luiſante, c'eſt une marque qu'elle n'à pas conceu; Tout cela ſont des contes à faire à des petits Enfans, pluſtoſt qu'à des perſonnes raiſona-
bles, & ſentent les folies des Charlatans; Il ne
ſert auſſy de gueres de mettre les Chevaux &
les Cavales en humeur.

C'eſt ainſy que Monſieur *Blundevile* faict le
Philoſophe, ſuppoſant que toutes les Cavalles
pou-

poulainent debout ; en quoy il ſe fonde aſſeurement ſur quelque Autheur fameux, comme Ari-
ſtote, ou quelque autre ſemblable ; Car ie vous
puis aſſeurer que jamais Cavale au monde n'a
fait ſon Poulain debout ; & que ſi cela eſtoit le
Poulain ſe romproit le col, car il n'aiſt la teſte
la premiere, & les deux pieds des deux coſtez
de la teſte ; La Cavale ſoufre trop pour faire ſon
Poulain debout, c'eſt pourquoy elle ſe couche, &
poulaine couchéë.

Le meſme *Blundevile* nous advertit, qu'il croiſt
quelque choſe au front du Poulain, qui eſt comme une figue, ce que la Cavale oſte ordinairement
auec les dents, & que cela s'appele *Hippomenes* :
Que ſi on le prend, & qu'on s'en ſerve, cela fait
des miracles en amour, ce qu'il n'a pas vouleu
eſcrire : En quoy il a eſtè trop ſcrupuleux ; car
certainement ſi on pouvoit avoir de ce miraculeux
Hippomenes, il ne fairoit pas ſeulement des miracles en amour, mais auſſy en toute autre choſe :
Et la verité eſt, qu'il n'eſt jamais rien creu de
tel au front d'aucun Poulain, & qu'ainſy il ne
peut eſtre oſté par la Cavale. Cette meſpriſe

I

eſt

eſt ſans doute cauſéë par la *ſecondine* ou la *coëeffe* dans laquelle le Poulain eſt enveloppé, & dont tous les cordons ſe rencontrent au bout, qui ſemblent à un petit noeud, & pendent ſur la teſte du Paulain : Mais quand le Paulain eſt ſorty, cela, & la coëffe, vont enſemble; car c'eſt la meſme choſe.

Le Sieur *Blundevile* nous advertit, de ne pas laiſſer manger cete *ſecondine* à la Cavale, par ce que les vaches des vilageoiſes le font ; Mais ie me ſuis enquis des Payſans qui m'ont dit que de cent vaches il n'y en a pas une qui le faſſe ; Et quant aux Cavales, ie vous aſſeûre, qu'elles ne le font jamais, & ſi vous demandez ce quelles en font, ie vous diray qu'elles le laiſſent tomber à terre, & ne s'en ſoucient pas davantage.

Blundevile condamne ceux qui prenent les Poulains pour les ſevrer à la St. Martin, parceque, ſelon ſes anciens, & ſçavants Autheurs, il veut qu'ils taittent, du moins, deux ans, qui eſt le vray moyen d'en faire des roſſes ; outre que cela empeche la fertilitè des Cavales ; c'eſt pourqu'oy & luy, & ſes antients Autheurs, ſe trompent extremement.

ll

Il s'eſt encore beaucoup meſpris, quand il a dict que les jambes des Poulains ſont auſſy longues, auſſy toſt aprez leur naiſſance, que jamais : Croit, il donc que le Corps ſeul croiſſe, & non les jambes? Ce ſentiment eſt fort ridicule! Car regardez aux jambes des Paulains & des Cavalles, & vous trouverez que celles des Cavalles ſont beaucoup plus lougnes : Et y à t'il homme qui puiſſe croire qu'un petit Levrier, venant de naiſtre, ait les jambes auſſy longues que quand il eſt tout a fait grand.

De cognoiſtre quel Poulain aura plus de vivacité, en le pouſſant en avant, en luy faiſant ſauter des foſſez, & des hayes, eſt une choſe contraire à l'experience que j'ay une fois faitte, d'un Poulain qui ne pouvoit s'arreſter, ny demeurer nulle part, ſautant par deſſus tout ce qui ſe preſentoit devant luy; & lors que ie le voulus monter, c'eſtoit la plus lourde roſſe que j'aye jamais veuë.

C'eſt une regle auſſy fauſſe qui ait jamais eſté eſcritte, de pretendre cognoiſtre par les pieds, & par la quantité du blanc qu'ils ont, s'ils vivront long temps ou non?   I 2   Jamais

Jamais Cheval n'a eu tant de Dents comme il en compte; Et il n'y a rien de plus certain, (& ie vous en asseure) que tout Cheval a deux grosses dents en haut, & deux en bas. Il y a des Chevaux, disent ils, qui n'ont point de Touches; ou grosses dents, & ils sont ordinairement de meschant naturel, tenants quelque chose de la Cavale; mais comme, entre cent, il n'y en a pas un qui n'en ait, aussy ne trouverez vous pas une Cavale, entre cent, qui en aye: Et celles qui en ont sont de mauvais naturel, ayant trop de raport avec le Cheval; ce qui faict une composition a demy *Hermaphrodite*: Vous pouvéz voir, par tout ce que dessus, combien ces sçavants, & leurs anciens Autheurs son trompez.

Pour cognoiſtre la diſpoſition des Chevaux par les Elements, & par leurs Marques.

MOnſieur *Blundevile* nous dict que l'*Alezan* tient de l'Element du feu, & qu'ainſy il eſt plein de vivacité, de chaleur, & de feu ; mais moy ie vous aſſeure avoir cogneu plus de Chevaux *Alezans,* qui eſtoient de lourdes roſſes, que d'aucune autre couleur.

Il dict que les Chevaux blancs ſont flegmatiques, & qu'ainſy ils participent de l'Element de l'Eau, & par conſequent ſont des roſſes : mais moy ie vous aſſeure, que j'ay cogneu des Chevaux blancs avoir plus de vivacitè, & de legiereté, que d'aucune autre couleur ; & ainſy les Elements manquent par tout : Eſſayez bien vos Chevaux & vous trouverez, que c'eſt la meilleure Philoſophie pour cognoiſtre quels ſont les meilleurs.

K

Il nous parle encore de quatre ſortes de Marques bonnes : & de ſept qui ne valent rien, une
telle Marque à un tel pied, un' autre à un' autre
pied, & ainſy a chaqu'un des quatre pieds ; &
il ne veut point qu'il eſt trop de blanc a la face ;
ni que les jambes ſoint blanches en haut ; & entretient ſon Lecteur de ie ne ſçay quelles ſortes
de ſottiſes, ſemblables a dés ſortileges, qui ſont
toutes auſſy fauſſes que ridicules.

Quand j'entends un homme parler de Marques,
& d'Elements, ie ne l'eſcoute plus ; & ne ſçay
point d'autre Philoſophie, que l'Eſſay ; Car il y
a de bons & de mauvais Chevaux de toutes les
couleurs, & de toutes les Marques ; mais il y a
plus de meſchants Chevaux que de bons de quelque Marque, ou de quelque Couleur que ce
ſoit, comme de toute autre choſe ; les Marques
& les Couleurs ſont par conſequent des bagatelles, qui ne ſervent qu'a tromper les ſimples.

De

De la Taille, & de la parfaitte Forme *du* CHEVAL.

M^{R:} *Blundeville* parle en forte dela parfaitte *Taille* & *Forme* du Cheval, que celuy qu'il nous defcrit, ne fut jamais l'ouvrage de Dieu, ny de la Nature, mais pluftoft le fien propre, ou celuy de quelque badin d'Autheur qu'il a leu; car il prend diverfes parties de differents Chevaux, & les met enfemble, ce qui compofe un Cheval de fa propre façon; car il ny euft jamais de tel Cheval au monde.

Chafque Pays a une *Taille* & *Forme* differente pour les Chevanx, comme le *Turc,* le *Neapolitain,* le *Cheval d'Efpaigne,* le *Barbe,* & le *Cheval Allemant;* qui tous font fort beaux en leur efpece.

En un mot ie vous fairay voir combien il eft ridicule de defcrire la parfaitte *Taille* ou *Forme* du Cheval; Par exemple, qui eft ce qui peut defcrire la parfaitte proportion d'un Chien; Le Maftin n'eft pas Levrier, ny le Levrier n'eft

K 2

pas

pas un Chien de chaffe, ny un Chien de chaffe
un Efpagnieul, & ce font tous de fort beaux
Chiens en leur efpece; il en eft ainfy des Chevaux, ce qui faict voir combien il eft impoffible
de defcrire la parfaitte *Taille* du Cheval.

Monfieur *Blundevile* dict que le *Cheval d'Efpaigne*
a la feffe pointuë, eft eftroit, & mince du derriere ; Je crois qu'il voudroit, que le *Cheval
d'Efpaigne* euft la croupe du *Cheval Allemant* ;
ce qui feroit certes fort correfpondant au refte de
fa *Taille*; Il y a des *Chevaux d'Efpaigne*, qui ont
la croupe ovale, & c'eft la meilleure de toutes.

Il dict, que les *Chevaux d'Efpaigne* ont de
mefchants pieds ; il eft vray qu'il y en a qui ne
les ont pas trop bons ; mais cela arrive à des
Chevaux de tous les pays; les *Allemans* ont les
pires, & il y a des *Chevaux Anglois*, dont les
pieds ne valent gueres; Il dit de plus, que les
Chevaux d'Efpaigne font foibles, mais il y à plus
de *Chevaux Allemans* foibles, que de *Chevaux
d'Efpaigne*. J'ay eu plufieurs *Chevaux d'Efpaigne*,
qui avoient la croupe bonne, les pieds bons, &
qui eftoient bien vigoureux; Et bien qu'il y en

ait

ait quelques uns qui ſoient foibles, neantmoins leur vivacité les fait aller beaucoup mieux que de plus forts.

Il nous dict encore, qu'ils ſont gentils, & beaux en leur jeuneſſe, & qu'ils deviennent vitieux en vieilliſſant; mais ie vous aſſeure qu'il n'en eſt rien, car eſtant agez ils ſont auſſy dociles qu'en leur jeuneſſe, & ſont touſiours fort aimables : C'eſt ainſy que les anciens Autheurs, pour leſquels le Sieur De *Blundeville* a trop de déference, le trompent.

Il dict que le *Gennet* a une belle allure; elle eſt ſemblable à celle du *Turc* qui n'eſt ny Trot ny Amble. Je voudrois que Monſieur *Blundevile* nous diſt, qu'elle eſtrange alleure eſt celle qui n'eſt ny l'une, ny l'autre de ces deux là : Mais qu'il ſoit aſſeuré de ma part, qu'il n'y a point de Cheval, ayant quatre jambes, qui puiſſe aller, que ſon action ne participe, ou de l'Amble ou du Trot; Car c'eſt autre choſe de Galloper & de Courir, & il en eſt de meſme de tous les *Airs* au *Manege*; par où il nous fait voir qu'il eſt meilleur *Traducteur* que *Cavalier*. Il eſtoit en-

L

verité

verité fort honeſte Gentilhomme, qui avoit beaucoup voyagé, eſtoit fort ſçavant, bon Traducteur, &
qui reduiſoit les choſes en un' excellente Methode;
mais il s'attachoit trop aux anciens Autheurs, qui
ſçavoient auſſy peu que luy l'*Art de monter a
Cheval*; Et ainſy leur Authorité le trompoit,
veu qu'il n'avoit aucune cognoiſſance en cet *Art*,
& manquoit tout a fait d'experience. Son Traitté
de la *Diete* des Chevaux eſt auſſy docte qu'aucun
Medecin en puiſſe eſcrire; mais il n'eſt pas neantmoins ce qu'il devroit eſtre; car il n'avoit point
d'experience.

Son Traitté de la Gueriſon des maladies eſt
admirable; & il eſt en verité le Maiſtre de touts
les autres en cela, & le plus curieux qui ait eſcrit
ſur ce ſuiet; *Markham* n'eſt que *Blundevile* ſous
d'autres noms, bien qu'il ne le veuille pas recog-
noiſtre: Il a pluſieurs Medecines nouvelles mais
elles ne valent rien, non plus que ſon *Huiſle
d'Avoine*, ny ne fut jamais Eſcuyer; mais il a
ſeulement faict une Collection d'Ordonnances
de Medecines qu'il a imprimèes Methodique-
ment.

Apres

Apres luy vinst *De la Gray*, qui n'eft que *Blundevile*, avec quelques Novelles Medecines paffablement bonnes; Et quant a fes *Haras*, & fa façon d'eflever les Chevaux, c'eft la chofe la plus ridicule qui ait jamais efté efcritte.

Les meilleures Medecines de Monfieur *Blundevile* font celles de *Martine*, qui eftoit premier Marefchal de la Reyne Elifabeth, *Allemant* de nation, & qui fçavoit bien fon Meftier. Il fut pourtant extremement trompé touchant la *Morve*, ce que ie fçay tresbien par ma propre experience, & ie vous en informeray mieux dans un livre que i'ay deffein de faire imprimer touchant l'*Art des Marefchaux*.

Monfieur *Blundevile* dict, que l'Orge fait piffer les Chevaux rouge comme du fang; mais il ne l'entendoit pas bien; Il eft vray qu'en *Italie*, en *Efpaigne*, & en *Barbarie*, on ne nourit les Chevaux que d'Orge, par ce qu'il n'y a point d'Avoine en ces Pays là; Car la bonne Avoine eft la meilleure nouriture du monde pour les Chevaux; mais il faut fçavoir, qu'il y a de deux fortes d'Orge, l'Orge commun, dont on braffe

la biere, qui fait piſſer les Chevaux un peu
rouge, & c'eſt de cette ſorte d'Orge dont on ne
donne jamais aux Chevaux en *Eſpaigne*; mais
bien de l'autre ſorte, qu'on appelle en Angleterre *Bigg*, ou gros Orge, & celuy là ne les
faict jamais piſſer rouge, & eſt la meilleure nouriture qu'on leur puiſſe donner, dans les lieux ou
il n'y a point d'Avoine : Le Segle les purge
trop; le Froment les engraiſſe trop; & le bon
Pain les rend pouſſifs. On leur donne en *Eſpaigne*
de la paille d'Orge, ainſy que m'a dit *my Lord
Cottington*; mais ils la font fouler pas des Beufs,
ce qui la rend plus douce que de la ſoye; C'eſt
aſſez parlé de nos Autheurs Anglois, deſquels ie
vous ay dict ce que i'en ſçay.

Le Sentiment d'un grand MAISTRE.

UN grand Maiſtre, eſtimé un tres grand Eſcuyer de là la mer, & qui a eſté eſlevé, pendant quatre ou cinq ans, ſous le meilleur Eſcuyer de *France*, & qui meſme a prattiqué depuis ſon enfance l'*Art de monter a Cheval*, me fit l'honneur de venir de *Bruxelles*, ou il demeuroit, à *Anvers*, pour me voir, & amena avec luy quatre ou cinq Chevaux; Je le receus le mieux qu'il me fuſt poſſible, & luy monſtray mes Chevaux, tant nuds que montez.

Il avoit avec luy un ieune homme, qui eſtoit ſon Neveu, & avoit monté ſous luy pendant ſept ans; & bien que le jour d'auparavant il euſt veu monter trois de mes Chevaux les plus adroits, neantmoins lors qu'il les monta, il ne peut tirer rien d'eux, n'y les faire aller du tout : En verité, ie croys (ie pourois dire ie ſçay) qu'il n'avoit n'y la main, ny le talon, ny l'aſſiette comme il faut, & par conſequent il eſtoit impoſſible qu'il les fiſt aller bien.   M   Son

Son Maiſtre me dict, qu'il avoit trouvé une Nouvelle Methode pour *Dreſſer* les Chevaux, qui eſtoit, premierement de ne jamais Trotter un Cheval, & s'eſtoit là ſa maxime; en ſecond lieu, de ne ſe jamais ſervir de Caveſſon, ny mettre la teſte du Cheval dans la *Volte*; Voila ce qu'il ne vouloit pas qu'on fiſt; & ce qu'il vouloit qu'on fiſt, eſtoit d'attacher le Cheval à un ſeul Pilier avec une longue corde, & là le piquer des eſperons, ce qui, diſoit il, le met dans la main; & en ſuitte le fouëtter au tour du Pilier avec la Chambriere, pour le faire aller moitié *Terre à Terre*, & moitié à *Courbettes*, & puis le faire aller à *Courbettes*, ce qui le met bien dans la main, & c'eſt en ces belles Leçons que conciſtoit ſa Nouvelle Methode, pour *Dreſſer*, mais diſons pluſtoſt, pour ne pas *Dreſſer* un Cheval.

Pour en faire l'Anatomie, voyons premierement ce qu'il ne veut pas qu'on faſſe; qui eſt de ne jamais Trotter un Cheval, n'y l'arreſter; Mais c'eſt aſſeurement oſter le fondement de tout ce qui ſe faict au *Manege*, ſoit pour l'aſſeurer dans la main, ſoit pour le mettre ſur les hanches;

II

Il ne veut pas, en second lieu, qu'on se serve du Cavesson, sans quoy il n'y a point de Cheval qui puisse estre dressé, & ce pour plusieurs raisons qu'il n'est pas necessaire de metttre icy. Il deffend encore de metre la teste du Cheval dans la *Volte*, & par ce moyen les jambes & le corps du Cheval n'iront jamais bien, & vous ne le rendrez jamais, par cette Methode, obeissant à la main, n'y au talon.

Examinons maintenant ce qu'il veut qu'on fasse pour *Dresser* un Cheval: Il dit premiere. ment qu'il le faut mettre à un seul Pilier, avec une longue corde, & là le piquer des esperons ; ce qui est fort propre pour un Poulain qui ne cogneist point les esperons, & qui asseurement jettera son homme à terre, plustost que d'estre mis dans la main ; Un Cheval, qui cognoist les esperons, ne fera non plus jamais bien mis dans la main par cette invention. Il nous dit en suitte de le fou-ëtter avec la Chambriere, pour le faire aller moitié *Terre à Terre*, & a *my-Courbettes* ; ce qui est impossible ; car ce sont deux differentes acti-ons des jambes: de plus cette excellente Leçon

est

eſt dans le livre de *Pluvinel*, dont *Pluvinel* luy meſme ne s'eſt jamais ſervy qu'à un Cheval preſque dreſſé, & elle ne vaut rien non plus alors.

En ſuitte mettez le, dict il, à *Courbettes* pour le mettre dans la main; cela eſt du livre de la *Broüe*, pour un Cheval preſque dreſſé, & non pour un Poulain; outre qu'il y a des Chevaux qui ne vont jamais à *Courbettes*, quoy que vous faſſiez : Cette Methode gaſtera donc les Chevaux, mais n'en dreſſera jamais aucun ie vous aſſeure, & vous pouvez vous en fier à moy : Par cette Methode il ne Trottera, Galopera, ny ne fera jamais aller ſon Cheval au pas, ſans les qu'elles trois choſes, on ne peut *Dreſſer* aucun Cheval du monde; n'y auſſi ſans Caveſſon, n'y ſans l'Arreſter, n'y ſans luy mettre la teſte dans la *Volte*.

Eſtrange

Eſtrange penſeé d'un Grand MAISTRE.

J'Ay ouy parler d'un grand Maiſtre qui vouloit qu'on montaſt les Chevaux *de Manege*
deux fois par jour; diſant, que ſi on *Dreſſoit*
en ſix mois un Cheval en le montant une fois le
jour, il eſtoit aſſeuré de le *Dreſſer* en trois mois,
eſtant monté deux fois le jour ; En quoy il eſtoit
extremement trompè ; Car un Cheval, eſtant de
chair & de ſang, ne peut ſouffrir un ſi grand
travail avec ſi peu de repos ; Car il n'y a point
d'exerciſe ſi violent pour les Chevaux que celuy
du *Manege*; outre qu'en les montant de cette
façon le matin, il ne les pourra remettre d'un
jour ou deux. Que ſi un Cheval s'oppoſe, &
n'obeit pas (ce que tous les Chevaux font au
commancement, & ſont ordinairement vitieux,)
il le faut corriger vertement, & comment pourez
vous le monter une feconde fois l'apres-diſnéé,
vous pourez de cette façon là le rendre lourd,
luy oſter la vivacité, luy faire hair le *Manege*, &

le

le rendre ſemblable à un Cheval de bois, pluſtoſt qu' à un Cheval viuant mais vous ne le pourrez jamais faire manger, ny boire, ny repoſer, avec ordre, & en temps, comme il faut; de quoy manquant, il deviendra malade, & ſuiet à pluſieurs infirmitez, & bien toſt aprez ſuivra la mort ; & voila ce que produira l'inventon de monter un Cheval deux fois le jour; elle le rendra propre pour la voirië, & pour eſtre mangé par les chiens des Chaſſeurs.

Quelques uns adiouſtent, qu'ils ne veulent pas qu'on monte toutes ſortes de Chevaux deux fois le jour, mais ſeulement ceux qui ſont fort vitieux, & bien vigoureux; J'ay veu, à la verité, pluſieurs Chevaux vitieux, mais peu qui euſſent cette grande force dont ils parlent: Et ſi un Cheval eſt vitieux, il le faut corriger bruſquement, & le monter juſqu'a ce qu'il obeiſſe peu ou prou ; & je vous aſſeure qu'alors vous l'avez monté ſi violentment, & ſi long temps, que difficilement ſera t'il en eſtat d'eſtre monté le matin ſuivant, & moins ce jour là ; Mais ſi voſtre Cheval eſt ſi docille, qu'il vous obeiſſe en tout ; la meilleure

Methode

Methode est de luy faire faire peu cette matinéé
là, pour luy donner courage d'en faire autant
une autre fois ; & pour l'encourager davantage,
il ne faut pas le monter jufqu'au lendemain matin fuivant; & alors il fera gaillard, joyeux, &
vif, & prendra plaifir en vous, & au *Manege*, &
apprendra plus en ne le montant qu'une fois par
jour, en un mois, qu'il ne feroit en trois en le
montant deux fois le jour.

Les Efcoliers n'ont ils pas des jours pour
jouer, & quelques heures de repos en leurs jours
d'eftude? Les Artifans n'ont ils pas des feftes
pour fe divertir? Les Perfonnes publiques n'ont
elles pas des divertiffements aprez leurs affaires?
Et les meilleurs Predicateurs prefchent ils tous
les dimanches? Les Procureurs, les Gens de
juftice, n'ont ils pas leurs vacations? de mefme
auffy les Chevaux de charette, les Chevaux de
braffeurs, les Chevaux de Caroffe, les Chevaux
de louage, & ceux de courfe, ont Noël, & autres feftes femblables, pour fe repofer; Mais quoy
n'y aura t'il que les Chevaux de *Manege* qui feront efclaves? Pour moy. ie n'y trouve aucune

rai-

raiſon ; On ne voit point non plus que les Chiens-courants, les Levriers, n'y les Eſpanieuls chaſſent tous les jours, n'y que les Oyſeaux de proyë volent, ſans jamais ſe repoſer. Il y a de celà cent exemples ; mais ceux là ſuffiſent, pour faire voir, & vous faire cognoiſtre l'extreme folië, & la groſſe ignorance, de ceux qui veulent monter leurs Chevaux deux fois par jour.

Il eſt de celà, comme d'un Polonois, auquel, eſtant malade, le Medecin ordonna neuf pilules, pour en prendre trois chaque nuit, pendant trois nuits de ſuitte; Il conſidera fort prudemment, que ſi trois pilules, chaque nuit, pendant trois nuits de ſuitte, le devoit guerir en trois jours ; qu'aſſeurement les prenant toutes neuf en une nuit, celà le gueriroit tout d'un coup ; ce qu'il fit, & peu s'en faleut qu'il ne ſe tuaſt; Tout de meſme, un Eſcuyer qui ſe veut haſarder de *Dreſſer* auſſy bien un Cheval en trois mois, en luy donnant deux Leçons par jour, qu'un autre en ſix mois, en ne luy en donnant qu'une, peut s'aſſeurer de pluſtoſt tuer ſon Cheval, que de le *Dreſſer*, & ſe rendra ridicule en ſon enterpriſe.

Com-

Comment j'ay trouvé ma
METHODE du MANEGE;
Et qu'elle est le seul moyen de bien Dresser un CHEVAL.

IL n'y a qu'une verité en chasque chose; & ie ne puis mieux faire voir la verité de ma Methode, que par l'experience, qui faira clairement voir qu'elle ne manque jamais de parvenir à sa fin, comme font les autres, d'ou il faut conclurre la verité de la miene, & la fausseté de la leur; Car ils ne se peuvent, ny justifier, ny excuser, en disant, que la leur approche de la verité; une fausseté à un travers de doigt de la verité, en estant aussy esloignéë que si elle en estoit a cent lievës. J'ay prattiqué, & estudié l'*Art de monter a Cheval* depuis l'age de dix ans; j'ay monté avec les meilleurs Maistres de tous les Pays; ie les ay ouy parler, & ay essayé leurs differentes, & meilleures manieres. J'ay leu les Autheurs *Italiens, François, & Anglois*, & mesme quelques

O

La-

Latins, & en un mot tout ce qui a eſté eſcrit ſur
ce ſuiet, ſoit bon, ſoit mauvais: J'ay deſpenſé pleu-
ſieurs mille livres ſterlings en Chevaux, & en ay
gaſté pluſieurs; J'ay eſté, il eſt vray, fort long
temps à apprendre cet excellent Art; mais, durant tout ce temps, j'ay touſiours creu que ie
prenois beaucoup de peine en vain, & qu'il y a-
voit pluſieurs choſes qui n'eſtoient pas encore
trouvéës, dont eux meſmes, & leurs Livres ne
faiſoient point de mention : A cauſe de quoy ie
commençay de ſerieuſement remarquer, & eſtu-
dier tout de bon, tout ce qui appartenoit au *Ma-*
nege; & j'ay enfin trouvé cette Methode, auſſy
veritable que nouvelle, & qui eſt la Quinteſſence
de l'*Art de monter a Cheval*; J'ay laiſſé toutes
les autres pour elle, & non ſans grande raiſon ;
car ie puis *Dreſſer*, par ma Methode, toutes ſortes de Chevaux, quels qu'ils puiſſent eſtre, de
tous Pays, de toutes diſpoſitions, forts, foibles,
pleins de vivacité, lourds, ou peſants, Cavales,
Hongres, ou Bidets.

Je ne m'attache point, comme la pluspart font,
à la dipoſition des Chevaux pour la ſuivre: Mais

ie

ie leur fais fuivre ma Methode, & fais en forte,
qu'ils m'obeiffent. Je les bas, ou les punis rarement de la Gaule, ou de l'Efperon, fi ce n'eft
qu'ils faffent refiftance, ce qui arrive peu : Je
vous diray neantmoins qui ie les traitte quelque
fois affez rudement, ce qui, le plus fouvent, les
fait puis aprez obeir voluntiers; Il ny en a
point qui ne fe rendent à moy, de quelque Nature qu'ils foient, dont ie reçois beaucoup de
fatisfaction, & en fouhaitte tout autant, a ceux
qui fuivront leur Methode.

Mais me dira quelqu'un, croyez vous *Monfieur*, que vos deux Livres me faffent *Cavalier* ?
Je refpons à celà, qu'ils font efcrits auffy clairement qu'on puiffe efcrire; & que de plus il y a
dans mon livre François, des cercles, & des pas de
Chevaux imprimez, pour monftrer comment
leurs jambes doivent aller; il y a auffy des figures
exactes des poftures, & de touttes les actions des
hommes, & des Chevaux, & ie ne croy pas qu'on
puiffe defirer davantage : Mais ie ne fçay pas, fi
mes Livres vous enfeigneront à monter à Cheval
ou non; bien qu'ils faffent, autant qu'aucun Liv-

O 2

re

Livre puiſſe faire pour cela ; Il vous les faut a-
voir tous deux dans la teſte, & peut eſtre encore ne les entendrez vous pas.

Mais ſuppoſé que vous les entendiez, la Prattique vous manquant, vous ne pouvez point
monter bien a Cheval, ce qui ne ſera pas la
faute de mes Livres mais la voſtre propre.

Il y a de certaines Gens, en pluſieurs Nations,
qui ne voyent rien, qu'ils ne croyent pouvoir
faire ; & il faudroit que celà vinſt par inſpiration,
ce que ie n'ay jamais veu arriver pour faire monter à Cheval ; Nous avons en ce Pais d'Angleterre beaucoup de perſonnes qui pretendent preſ-
cher par inſpiration ; Mais il n'en eſt pas de meſme pour monter à Cheval, ce qui ne ſe fait que
par une longue Eſtude, & une Pratique exaƈte ;
c'eſt l'habitude, & la couſtume, qui font tout
dans le monde : & rien ne ſe fait autrement, les
moindres choſes ne ſe pouvants faire ſans quelque
ſorte d'induſtrië. Croyez vous qu'un petit ignorant Eſcholier puiſſe eſtre auſſy habile homme
qu'un Doƈteur ? Ou ſi quelque ſçavant Muſitien
eſcrit un bon Livre, ſoit pour la Compoſition,

ou

ou pour le Chant, pouvez vous vous imaginer, qu'auſſi toſt que vous aurez leu ce Livre vous fairez ce qu'il vous enſeigne ? Non ie vous aſſure, & ce ne ſera pas neantmoins la faute de ce Livre, mais la voſtre, qui auez ſi bonne opinion de vous meſme, que vous croyez pouvoir tout faire au premier coup d'oeil, ſans Eſtude, ny Pratique; Merveille qui ie n'ay jamais veuë, & que perſonne ne verra jamais.

De meſme encore, ſi un Joueur de Luth eſcrivoit un excellent Livre, vous attendrez vous apres l'avoir leu, de ſçavoir jover du Luth, parce que, peut eſtre, vous pouvez pincer, & badiner ſur les cordes.

Mais, direz vous, ie monte à Cheval; ouy certes tout de meſme que vous pincez les cordes de ce Luth, & non autrement: Vous avez appris en *Italie* & en *France*, c'eſt quelque choſe; Et autre celà vous pouvez dire, que vous donniez tant d'Eſcus par moys, & que le Cheval ne vous jettoit point a Terre, & puis c'eſt tout.

Monſieur *Spenſer*, un treſhoneſte Gentilhomme,

P qui

qui a eſté le meilleur Eſcholier de toutes les Academies où il a appris, eſquelles il a demurè deux ans, voulant monter mes Chevaux, ne les peut faire aller; ſon beau frere qui eſtoit preſent, me diƈt qu'il faloit que ie l'excuſaſe, parce qu'il y avoit long temps qu'il n'avoit monté à Cheval; mais Monſieur *Spenſer* prit la parole, & luy diƈt fort prudemment, qu'il ſe trompoit, car ie recognois, diƈt il, que ie n'ay jamais ſçeu monter à Cheval.

Dieu ſçait combien de jeûnes gens, ſortants nouvellement des Academies, *Anglois*, *François*, *Irlandois*, & *Allemans*, paſſent pour bons *Cavaliers*, & ne ſçavent rien en cet Art; ains montent à Cheval le plus pitoyablement du monde, & le meſme ay ie veu faire à des Maiſtres d'Academie: Deux *François* un jour, montant à Cheval aſſez mediocrement, il y en euſt deux autres qui ſe moquoint d'eux & à bon droit: L'un d'eux diƈt, qu'il ſe faiſoit fort de monter un Cheval *Dreſſé*; en quoy il ſe trompoit fort, car a un tel Cheval le moindre mouvement eſt un commandement abſolu; & un ignorant luy donne de tels con-

contretemps que celà l'empefche de faire rien qui
vaille. Monfieur *Germain*, tres brave Gentilhomme, & le meilleur Efcholier qu'euft *Du Pleffis*
en toute fon Academie, fçait tresbien combien il
eft difficile de monter un Cheval *Dreffé*; car
luy difant un jour, pour le perfuader de monter
un de mes Chevaux, que s'il vouloit fe feoir coy,
le Cheval iroit fort bien fous luy; mais, dit il,
en jurant, c'eft là la difficultè, ce qui eftoit fort
bien dict, & en *Cavalier*; Car il n'apartient qu'à
un grand Maiftre de fe fçavoir tenir coy dans la
felle. Il y en a d'autres, qui pour avoir fait
cent miles par jour, (ce qu'un Poftillon peut
faire) croient eftre bons *Cavaliers*; ou parce
qu'ils peuvent faire une courfe avec leurs Coureurs, fauter, a la chaffe, une haye, ou un foffé,
en tenant le Cheval par le crain, ils veulent
paffer pour bons hommes de Cheval; mais ils ne
confiderent pas, qu'il n'y a point de Chaffeur,
qui n'en faffe autant qu'eux, & que *le Mayre de
Londres*, allant au marché, faire poifer le beurre,
& ayant jambe de cà, jambe de là, n'eft pas pour
cela fort excellent *Cavalier* : Et j'ay veu plufieurs

P 2   filles

filles montéés a *Califourchons*, galoper & faire courir leurs Chevaux, qui, à ce que ie pense, auroient eu bien de la peine à monter au *Ma-nege*.

Les Aprentis sont sept ans pour le moins à aprendre leurs Mestiers, & dans les Professions plus relevéés, vingt cinq, ou trente annéés ne sont pas trop, pour y devenir Maistres : Et bienque l'*Art de monter a Cheval* soit de tous les Arts le plus difficille, vous voyez neantmoins des Gentilhommes, qui le premier jour qu'ils a-prennent, veulent monter à Cheval en grands Maistres ; mais ils sont aussy trompez que ceux qui veulent, avec de l'argent, acheter le Sçavoir ou l'Experience : Car si cela estoit possible il n'y a point de riche bourgeois, qui ne peut estre tres habille homme. Ce *Cavalier* François n'e-stoit pas de ce sentiment, qui me dict, en louant ma Methode ; *Par Dieu Monsieur il est bien har-dy qui monte devant vous.* Et sur le mesme suiet Signor *del Campo*, Escuyer *Italien*, qui demeuroit à Bruxelles, dict, aprez avoir veu mes Chevaux, *Aprez vous Monseigneur il faut tirer la Planche.*

Il

Il n'y a point d'Escuyer qui ne fasse aller mes
Chevaux, soit a la Guerre, soit dans un Combat
particulier, mieux qu'aucuns autres, & celà doit
suffire; Car de les faire aller à tous *Airs*, comme moy, seroit un peu trop.

Laissons ma Methode estre ce qu'elle est; car
celuy, qui fait ce qu'il peut, n'est pas obligé à
davantage; Mais s'il y a quelqu'un de si amoureux de ses Opinions propres à qui elle desplaise,
& quil condamne ce qu'il n'entend pas; dise mefme, que le *Manege* n'est qu'une folie, tout cela ne
me sçauroit causer le moindre desplaisir, & ie ne
luy envieray poinr sa satisfaction.

Q   REMAR-

REMARQUES

TOUCHANT LES

CHEVAUX.

Du CHEVAL d'Eſpagne.

IL faut ſçavoir que de tous les Chevaux du Monde, de quelque Pais qu'ils ſoient, le *Cheval d'Eſpagne* eſt le plus *Sage*; c'eſt à dire, a plus de Jugement & de Meſmoire qu'aucun autre; mais il n'en eſt pas pour celà plus aiſé a *Dreſſer*, parce qu' obſervant trop des yeux, & ayant la Meſmoire trop bónne, il conclut trop viſte de ſon propre Jugement, ſans attendre d'eſtre commandé, *contant ainſi ſans ſon Hoſte*; au lieu pu'il devroit obeir à la main & ou talon; & ce non par Routine, mais par Art, qui eſt une Habi-tude qui s'acquiert par pluſieurs Leçons methodi-quement enſeignèès-   Je

Je vous assure, que s'il est bien choisy, c'est le plus noble Cheval du Monde; Il n'y a point de Cheval mieux proportionné depuis la teste jusqu' à la croupe, ni qui puisse estre plus beau; n'estant ni si menu, ni si semblable a une Dame, que le *Barbe*; ni si gros que le *Neapolitain*; ains est entre les deux, & tient de l'un & de l'autre; Il a une grande vivacité, & beaucoup de courage, & est avec cela fort docile : Il marche fierement, trotte de mesme, & avec une belle action: Son galop est altier, & il court tresviste. C'est le Cheval du Monde le plus beau, & le plus propre pour un Roy en un jour de Triumphe, pour se faire voir à son Peuple, ou pour estre à la teste de son Arméë.

Le *Cheval d'Espagne* est par consequent le plus propre pour le *Haras*, quel dessein que vous ayez, soit pour le Manege, pour la Guerre, pour le Pas, pour la Course, ou pour la Chasse. Le *Conquereur*, *Shotten-Herring*, & *Butler*, estoient venus de *Chevaux d'Espagne*, & *Peacock* d'une *Jument Espagnole*, & ils feurent si fameux, qu'ils gagnerent toutes les Courses de leur temps,

Q 2

fans

sans qu'aucun autre Cheval les peut esgaler en vistesse.

Le *Cheval d'Espagne* est absolument, comme ie viens de le dire, un excellent *Estalon* pour toutes sortes de desseins; mais pour y bien reussir, il le faut mettre avec des Juments qui soient les plus propres à ce à quoy on veut employer les Pou-lains qui en viendront.

Le Roy *d'Espagne* a plusieurs bons *Haras*, mais les meilleurs sont à *Cordouë* en *Andalousie*, ou il y a ordinairement plus de trois cents Juments, & Poulains, comme ie l'ay appris de *my Lord Cottington*; Et outre ceux de sa Majesté, il y en a beaucoup d'autres tresexcellents, qui apartie-nent, non seulement à des Personnes de grande Qualité, mais aussi à des simples Gentilshom-més.

Pour ce qui est des Prix des *Chevaux d'Espagne*, le Comte de *Claringdon*, Chancellier d'*Angle-terre*, m'a dict, qu'estant Ambassadeur en *Espagne*, le Chevalier *Benjamin Wright*, Marchand Anglois en ce Païs là, & qui aymoit fort les Chevaux, en vendit deux extremement petits à un prix qui

luy

luy ſembla prodigieux, & m'aſſura, ce que pluſieurs perſonnes m'ont confirmé depuis, que trois &
quatre cents Piſtolles pour un Cheval eſt un prix
fort ordinaire à Madrid. Le Marquis de *Seralvo* m'a raconté, qu'un *Cheval d'Eſpagne* appellé
le *Brave*, qui feut envoyé à l'Archiduc *Leopol*
ſon Maiſtre, eſtoit autant eſtimé qu'une Terre de
mile Eſcus de rente, & qu'il a veu des Chevaux
de ſept & huict cents, & mille Piſtolles. Un
Gentilhomme me dict, il y a quelque temps,
qu'un Cavalier en *Eſpagne*, de ſa cognoiſſance,
offrit à un autre trois cents Piſtolles, pour luy
laiſſer ſeulement monter ſon Cheval une apreſ-
diſnéë, & que le Proprietaire euſt raiſon de les
refuſer, dautant que c'eſtoit pour s'en ſervir au
Jeu des Toreaux, ou il auroit pû eſtre tué, comme ſont ſouvant pluſieurs beaux Chevaux, qui
eſt tres grand domage.

Vous voyez par là que les Chevaux d'Eſpagne
ſont une chere marchandize; a quoy ſi vous aiouſtez
les frais du chemin d'environ quatre cents miles depuis *Andalouſie* juſques à *Bilbo*, ou St. *Sebaſtien*,
qui eſt le Port le plus proche *d'Angleterre*, avec la

R

deſpenſe

deſpenſe d'un Palefrenier & d'un Mareſchal, a ne
faire que dix milles par jour; ſans conter le danger qu'il y a qu'ils divienent boiteux, ou malades, ou qu'ils meurent; quoy qu'ils arrivent en
bonne ſantè, & auſſi heureuſement qu'on le puiſſe
ſouhaiter, ils ſeront pourtant extraordinairement
chers.

Du *BARBE*.

LE *Barbe* eſt de tous les Chevaux celuy qui
approche le plus *du Cheval d'Eſpagne*, du quel
il ne poſſede pas entierement toutes les bonnes
Qualitez, ce qui le rend plus aiſé a *Dreſſer*, & eſt
aſſurement de fort bon naturel, docile, nerveux, &
legier.

C'eſt un auſſi joly Cheval qui s'en puiſſe
voir; mais il eſt un peu trop menu, en quoy il
reſſemble à une Dame, & eſt ſi pareſſeux & neg-
ligent en ſon marcher, qu'il broncheroit en un
Jeu de boules: Il trotte comme une vache, galope
fort bas, & n'a en ces deux actions aucune vivacité:

cité: Il eft ordinairement nerveux, a bonne force,
& l'haleine admirable; ce qui le rend capable de
grandes courvéés, & de fouffrir un grand voyage;
Il aprend tout ce qu'on luy veut enfegner, & eft
fort aifé à *Dreffer*, ayant la Difpofition bonne,
le Jugement, la Conception, & la Mefmoire excellentes; Et quand il eft une fois foufmis, il n'y
a point de Cheval qui aille mieux au *Manege*,
en toutes fortes *d'Airs*, & va tresbien fur le *Terrain* de quelque maniere que ce foit:

On dict que les *Barbes* des Montagnes font
les meilleurs; je croy bien que ce font les plus
larges; mais quant à moy, jayme mieux un Cheval moyen, ou mefme moindre ; & ceux là font
à affez bon marché en *Barbarie*, plufieurs Gen-
tilfhommes & Marchands m'ayant affuré qu'on
les peut acheter pour vingt, vingt-cinq, ou trente
livres fterling au plus; Mais quoy que le traiet
par mer de *Tunis* à *Marfeilles* en *France* ne foit
pas grand, il y a bien loin, par terre, de *Marfeilles* à *Calais*, ou on les embarque pour *l'Angleterre*; car il faut traverfer toute la *France*.

Pour bien faire conduire ces Chevaux, aprez

les

les avoir achetez, il eſt neceſſaire d'y employer un bon Eſcuyer, & un fidelle Palefrenier ; car on en peut loüer davantage, chemin faiſant, ſelon qu'on en a beſoin ; mais il faut bien prendre garde, que ces coquins, qui ſont ſouvant des garnemens, ne s'enfuient avec vos Chevaux; Et pour l'eſviter il ne leur faut jamais permettre de coucher dans l'Eſcuyérie, où voſtre Mareſchal, ou, a tout le moins, voſtre Palefrenier, doivent touſiours coucher, à quoy il faut que voſtre Eſcuyer, qui doit eſtre bon Homme de Cheval, prene bien garde.

On peut, pour racourcir le voyage, envoyer en *Languedoc*, & en *Provence*, ou pluſieurs Gentilſhommes achetent à *Marſeilles* des *Barbes* de trois ou quatre ans, & les ayant gardez trois ans, les revendent ; leſquels vous pourrez acheter d'eux pour quarente ou cinquente Piſtolles la Piece, & ce ſont d'auſſi jolis Chevaux qu'on puiſſe voir ; Mais il faut que ceux que vous envoyerez, pour acheter, prenent bien garde, dans le chois qu'ils en fairont, que ce ſoient des vrays *Barbes* ; car j'ay ouï dire, que ceux du Païs, es

en.

environs de *Marſeilles*, meſlent de leurs Poulains parmi les *Barbes*, & les vendent comme s'ils eſtoient venus de *Barbarie*.

Lors que j'eſtois à *Paris* il y vint vingt-cinq Chevaux, qu'on diſoit eſtre *Barbes*, qui n'avoient que la peau & les os, & feurent vendus vingt-cinq Piſtoles chaqu'un. Le viſconte *Montagu*, Seigneur Anglois, en acheta neuf, s'il m'en ſouvient bien ; car je luy aydé à les acheter, & l'un d'eux gagna pluſieurs Courſes en *Angleterre* ; mais, ſans mentir, quand j'aurois eû un milion en bourſe, je n'en aurois pas voulu acheter un ; car c'eſtoient des Chevaux fort communs, & je ne croys pas meſme que ce feuſſent des vrays *Barbes*, n'en ayant ni la taille, ni le prix ; & il y a aparence, qu'on les avoit amenez de quelqu'une des Iſlles de ces Coſtes: Mais une Perſonne de Qualité, qui veut faire ces frais, doit avoir de beaux Chevaux, ou n'en avoir point du tout.

Je receus dernierement une lettre d'un Eſcuyer françois, qui deſmure à Paris, par lequelle il m'avertiſſoit, qu'il y avoit là un Marchand qui avoit deux *Barbes*, de ſix ans, les plus beaux qu'il

S

euſt

euſt jamais veux, & qu'il les eſtimoit, ſans eſtre
aucunement *Dreſſez*, deux cents Piſtoles la Piece:
D'ou on peut voir, que les vrays *Barbes*, s'ils
ſont beaux, ſont de fort grand prix, comme ſont
toutes les bonnes choſes.

Le *Barbe* n'eſt pas ſi propre à eſtre *Eſtalon*
pour avoir des Chevaux de *Manege*, que pour
des Coureurs; car il engendre des Chevaux longs
& laches; c'eſt pourquoy il ne faut point avoir
de ſa Race pour le *Manege*, s'il n'eſt court de la
Teſte à la Croupe, fort & racourci, & d'une grande
vivacité; ce qui ſe trouve en fort peu de *Barbes*;
Mais un *Cheval d'Eſpagne*, avec des Juments
Angloiſes, ou Allemandes, delicates & bien choiſies,
vous faira d'excellents Poulains pour le *Manege*.

J'ay opinion que les meilleurs des Chevaux
qui naiſſent en *Barbarië* n'en ſortent jamais; non
qu'on ne les puiſſe bien avoir pour de l'argent,
mais ſeulement parceque ceux qui nous en ameinent de là ſont ou Maquignons, qui n'achetent
que ce qui eſt bon marché, pour y pouvoir gagner davantage, & ſeroient en danger de perdre
s'ils en achetoient de haut prix, ou des Marchands,

chands, qui ne s'y cognoiſſent pas, & qui courent auſſi au meilleur marché, pour y mieux trouver leur compte en les revendant, ſçachant fort bien, qu'il y a beaucoup de hazard a ſe deffaire de ceux qui ſont de grande valeur; Et ainſi je croy que les meilleurs ne paſſent jamais la Mer : Car n'ay je pas veu, quand jeſtois à *Anvers*, que les Maquignons de *Brabant*, & de *Flandres*, qui vont tous les ans en Angleterre acheter des Chevaux, n'en ameinent que les moindres & plus chetifs Hungres qui ſoient dans le Royaume, affin de les pouvoir revendre avec plus de profit : Car s'ils achetoient des Chevaux de cent, cent-cinquente, ou deux cents Livres Sterlings la Piece, comme il s'en eſt vendu aux Foires de *Malton*, & de *Pankrick*, ils ne pouroient eſperer d'y rien gagner en les revendant, dautant qu'il y a peu de Gens en *Flandres*, qui veuillent donner de ſi grandes ſommes pour des Chevaux, qui eſt la raiſon, & elle eſt fort bonne, qu'on ne leur en ameine que de ceux de vil prix.

S.　　　　*Des*

DES
CHEVAUX ANGLOIS.

LE Cheval purement *Anglois* n'est pas si avisé que le *Barbe*, & est, le plus souvant, craintif & umbrageux, & est aussi fort rebelle au *Manege*, n'estant pas ordinairement des plus enclins a apprendre : Mais les Chevaux, qu'on appelle communement *Anglois*, vienent de tant d'autres Chevaux de divers Païs, qu'il seroit estrange s'ils n'en tenoient quelque chose, & n'estoient, par ce moyen, fort changez.

Il est certain, que les *Chevaux Anglois* sont aujourd'huy les meilleurs du Monde pour tous usages, depuis la Charette jusq'au *Manege*, & il y en a d'aussi Beaux qu'en aucun autre Lieu, ne pouvant estre autrement, puis qu'ils vienent des plus Beaux Chevaux de tous les Païs : Mais ceux qui en veulent acheter aux Foires, pour le *Manege*, il faut qu'ils aillent a celles de *Rowel*, *Harborow*, & de *Malton*, & a celles qui se tie-

nent

nent dans les Provinces de *Northampton*, & dé *Leicefter*; mais fur tout à celles de *Northampton,* qu'on dict eftre les meilleures; parce que les Chevaux qu'on y vend pour le Caroffe, ou la Charette, font les meillieurs pour le *Manege.* Ils font ordinairement mieux faicts que les *Chevaux Allemans*; mais ils ne font pas fi delicatement Beaux, comme les *Chevaux d'Efpagne*, les *Barbes,* ou les *Turcs*; Et il vous les faut choifir, qui foient courts, ayant les pieds, & les jambes bonnes, eftans pleins de vivacité & d'action, & s'ils fautent naturelement, ils n'en font que meilleurs : Si voftre Efcuyer a l'adreffe d'en acheter de tels, ils ne peuvent manquer d'eftre propres au *Manege*, & vous verrez que ce feront d'admirables Chevaux en tous *Airs*, & fur le *Terrain*, mais je ne vous confeille point du tout d'avoir de leur Race.

Ils ont, le plus fouvant, à la Foire de *Malton*, de jeunes Chevaux entiers, & quelques Hungres, qui font plus propres pour voyager, & pour la Chaffe, qu'au *Manege*; & la Foire de *Rippon* n'a que le refte de celle de *Malton*, qui font des

T

Hungres,

Hungres, & des Bidets : Ces deux Foires font
dans la Province de York; mais celle de *Lenton*
eft dans la Province de *Nottingham*, qui eft grande, & pour toutes fortes de Chevaux ; & principalement des Hungres & des Bidets, plus propres pour voyager, ou pour galoper, qu'au *Manege*, & il s'y trouve auffi quelques Chevaux
entiers.

Dans la Province de *Stafford* il y a une grande
Foire à *Pankridg*, ou on ne vend prefque que des
Paulains, & de fort jeunes Chevaux, & s'il s'y
en trouve d'autres, ce n'eft que par hazard, &
trefrarement : Il y a beaucoup d'autres Foires du
cofté du *Septentrion*; mais elles font fi inconfide-
rables, qu'elles ne valent pas la peine qu'on en
parle.

Je n'ay aucune cognoiffance des Haras qu'il y
peut avoir du cofté de *l'Occident*, ou j'ay ouï
dire que les Ancefters de my Lord *Paulet* en
avoient de fort bons ; & il y a apparence que le
Comte de *Pembrok* y en a, quoyque je n'en aye
jamais ouï faire grand cas.

Dans

Dans la Province de *Worchester*, & dans la valée *d'Essam* il y a de bons Chevaux de Charette, & bien forts; En *Cornuaille* il y a de bons Bidets, & de fort excellents en *Gales*; mais ceux d'*Escosse*, qu'on appelle *Galways*, font encore meilleurs que tous ceux la.

Il y avoit, avant les Guerres, plusieurs bons Haras en *Angleterre*, mais ils font a present tous ruinez, & ceux qui ont eu vogue, incontinant apres la Paix, ne font pas, a mon avis, des meilleurs; parce que ceux qui gouvernoient, avant le retour du Roy, n'avoient pas de bons Estalons, & n'estoient pas si curieux que la Noblesse avoit esté auparavant; Ils ne se cognoissoient pas non plus si bien en Chevaux, & ne vouloit pas y faire la despence que les autres y faisoient. Un chaqu'un pretend de s'entendre en Chevaux, mais j'ay ouï dire au *Roy*, qui s'y entend fort bien, que c'est une chose tresdifficille; Selon qu'on a commencé, depuis son heureux *Restablissement*, à remettre les Haras, il y a aparence, qu'ils feront bien tost aussi bons que jamais.

T 2

Quant

Quant aux Juments *Angloises*, elles n'ont pas au Monde leur semblables pour *Porter* des Paulains; mais il les faut choisir propres pour les sortes de Chevaux que vous desirez avoir. Par example, si vous voulez eslever des Chevaux pour le *Manege*, il faut qu'elles ayent le Devant beau, que le Col ne soit pas trop long, & que la Teste soit belle, & bien plantéë sur un Col bien tourné: Que la Poitrine soit ouverte, les Yeux bons, le Corps grand (affin que le Poulain y aye assez de place) la Corne bonne, les Pasturons courts & lunez; & estant auec celà courtes depuis la Teste jusqu'à la Croupe, c'est la Taille qu'il leur faut pour avoir des Poulains propres pour le *Manege*: Et apres celà ne vous souciez point de qu'elle Couleur elles soient, ni qu'elles Marques elles ayent, ni qu'elle Queuë, ni quel Crain; pourveu qu'elles soient fortes, & pleines de vivacité, & qu'elles n'ayent pas plus de six à sept ans; Il est bien vray, que si vous aviez deux ou trois belles Juments *Allemandes* de la *Taille* que je viens de descrire, elles fairoient, avec un *Cheval d'Espagne*, une bonne Composition, pour a-

voir

voir des Poulains auſſi excellents pour le *Manege*,
que les Juments *Angloiſes*, deſquelles les Poulains, avec un tel Eſtalon, ſont bons à tous
uſages.

Si vous voulez avoir des *Coureurs*, il fault que
les Juments ſoient auſſi Legieres, qu'il eſt poſſible, Larges & Longues ; mais avec celà bien pro-
portionéés, le Dos court, les Cotez longs, les
Jambes un peu longues, & la Poitrine auſſi e-
ſtroite qu'elle puiſſe eſtre ; Car les Chevaux ainſi faicts galopent plus legierement, & avec plus
d'agilité, & courent plus viſte ; & plus vos
Poulains ſont Legiers & Minces, tant plus ſont
ils propres pour le Galop. Il faut de toute neceſſité que l'Eſtalon ſoit un *Barbe*, & à peu pres
de la *Forme* des Juments que je viens de deſcrire ;
car un *Barbe*, quoy qu'il ne feut qu'une Roſſe,
faira de meilleurs Poulains pour la Courſe,
qu'aucun Coureur *Anglois*, pour excellent qu'il
puiſſe eſtre : comme je l'ay ouï dire au Chevalier
Fennick, qui avoit plus d'experience, touchant
les Coureurs, que toute *l'Angleterre* enſemble, &
la plus part des fameux Coureurs qui ont couru

en *Angleterre* les uns contre les autres eſtoient de ſa Race, & ſortis de ſes Haras.

Il y en a qui font grand cas d'un Eſtalon *Turc* pour avoir de bons Coureurs; mais il y en a ſi peu, & ils ſont ſi rares, que je n'en puis donner aucun jugement; c'eſt pourquoy mon avis eſt qu'on ſe ſerve d'un *Barbe*, que je croy eſtre le plus propre de tous pour engendrer des Coureurs.

Du Cheval
F R I S O N.

LE Cheval *Friſon* eſt moins adviſé que *l'Anglois*; mais il n'y a point de Cheval qui aille mieux au *Manege*, ſur le *Terrain*, *Terre a Terre*, ou à tous *Airs*; ni qui ſoit de plus d'uſage pour le Combat particulier à Cheval, ou pour ſouſtenir le Choc à la Guerre.

Il eſt Hardi, vit de toute choſe, & endure fort aiſement le froit & le chaud, & il n'y a point

point de Cheval sur lequel un Cavalier paroisse davantage *Homme d'Espée*, tant il est Doux, Hardi, & Assuré.

Il est aussi fort Viril, & propre a tout, sinon a fuïr; car quoy qu'il coure assez viste, pour un peu de temps, je ne croy pas qu'il puisse continuer, n'ayant pas tant d'haleine que le Barbe: Neantmoins, qu'un homme lourd, & bien armé soit sur un *Barbe*, & le mesme fardeau sur un Cheval *Frison*, la force d'u *Frison* est tant au desus de celle du *Barbe*, que comparez ainsi, je croy que le *Frison* courra aussi viste, & aussi long temps que le *Barbe*: car l'haleine du *Barbe* ne luy sert de rien, n'ayant pas la force necessaire pour porter un tel fardeau; & ainsi il trouvera à dire ces hommes legiers qui ont accustumé de les monter aux Courses, avec des selles qui ne sont pas plus poisantes que deux petits tranchoirs de bois, & pour tout Mords, un fillet aussi deslié qu'une corde de luth.

Des Chevaux
De Danemarc & de Hollande.

L'Excellence du Cheval *Danois* eſt de la meſme maniere, que celle du *Friſon*, & il eſt ordinairement plus enclin a apprendre, & plus legier ; Il y a en *Danemarc* plus de *Sauteurs*, qu'en aucun autre Lieu du Monde.

Pour en tirer plus de profit on les chaſtre tous à preſent en *Hollande*, pour le Caroſſe, & pour maintenir le Trafic ; Ils en envoyent, je m'aſſure, tous les ans, plus de cinq mille en France, & ailleurs ; deſorte qu'à peyne y troverez vous un Cheval entier qui vaille quelque choſe : car ils font Couvrir les Juments aux Poulains, & puis apres les chaſtrent, gaſtant ainſi leurs Haras par pure avarice, ce qui a conſtraint les Vilages à ſe joindre enſemble, & de donner juſques à deux mille livres pour un Eſtalon, du quel ils ſe ſervent à faire Couvrir toutes les Jugements d'un grand circuit de Païs, comme on faict avec les *Toreaux Banals* pour les Vaches.

Des

Des *Chevaux* ALLEMANDS.

CEux qui efcrivent que les Chevaux *Allemands* reffemblent à ceux de *Flandres* fe trompent bien fort, à moins qu'ils n'entendent parler des Chevaux de Charette de la Compagne; Mais je puis leur apprendre, que la plus part des Princes d'*Allemagne* ont de trefexcellentes Races de Chevaux dans leurs Haras, & que leurs Eftalons font ou *Neapolitains*, ou *Efpagnols*, ou *Turcs*, dont ils ont le plus, ou *Barbes*; & de tels Eftalons ils ne peuvent qu'avoir des Juments & des Paulains qui leur reffemblent.

J'ay eu autrefois un de ces Chevaux *Allemands*, iffu d'un Eftalon *Neapolitain*, duquel la Forme, la Taille, la Couleur, la Force, l'Agilité, & le bon Naturel eftoient, fans comparaifon, plus agreables que d'aucun Cheval *Neapolitain* qui ayt jamais efté. Il faiçoit trente-deux *Caprioles*, les plus eflevées que j'aye veu de ma vice, & les plus juftes, fans la moindre Ayde du Monde; &

X

fon

ſon Action ſur le *Terrain,* aux *Galopades* (ou *Paſſades de la main à la main*) & à *Terre a Terre,* eſtoit quelque choſe par deſſus ce que les autres Chevaux font, celuy-cy eſtant, par maniere de dire, plus que Cheval.

J'ay eu auſſi deux Chevaux d'une excellente Race qu'avoit le Comte *d'Oldenburg,* qui eſtoient auſſi Beaux qne j'en aye jamais veu, & l'un d'eux donnoit de treſgrandes eſperances. Ce Prince euſt la bonté de m'en faire preſent, & de me dire, que s'ils ne me plaiſoient pas, il m'en envoyeroit d'autres ; qui eſtoit agir en Prince, & tres-genereuſſement. Le Prince de *Weſt-Friſe* m'en envoya auſſi un extremement Beau.

Du COURSIER *de* NAPLES.

JE n'ay pars veu beaucoup de *Courſiers de Naples,* & *la Brouë* nous dict en ſon Livre, qu'en ſon temps, (il y a environ cent ans) la Race en eſtoit quaſi tout à faict ruinéë : *Pluvinel* eſcript auſſi, que nous n'avons pas à preſent des
Che-

Chevaux *Neapolitains* comme on a eu autrefois, dautant que les Races ſont entierement gaſtèës, & abaſtardies.

L'Archiduc *Leopol* eſtant Gouverneur de la *Flandre*, *Brabant*, &c. fiſt venir d'*Italie*, pendant que j'eſtois à *Anvers*, huiƈt ou dix *Courſiers*, qui luy couſterent, tant pour les fraix du Voyage, que d'achaſt, bien pres de trois mille livres la Piece: Ceſtoient de gros Chevaux, qui avoient de groſes Teſtes, & le Col fort eſpois; ils eſtoient lourds, ſans aucune vivacité ni force, & de vrayes Roſſes, plus propres pour tirer la Charette, que pour porter la Selle.

Le Marquis de *Caraſene*, qui a auſſi eſté Governour de ces Païs là, petit homme, mais treſ-ſpirituel, & fort Sage, bon Soldat, tant pour là conduite, que pour le courage, & bon homme de Cheval (ce que peu d'*Eſpagnols* ſont) me faiçoit l'honneur de m'aymer, & me diƈt, que les dernieres Guerres de *Naples* avoient ruiné la Race des Chevaux que le Roy d'*Eſpagne* avoit en ce Royaume là, mais qu'elle commençoit à ſe remettre, & qu'il eſperoit que dans quatorſe ou quinſe ans elle ſeroit commé elle a eſtè auparavant.

X 2   Tout

Tout eſt ſujeſt aux viciſcitudes du temps, & à de grands changements, & ainſi ce néſt pas merveilles, que ces fameuſes Races de Chevaux du Royaume de *Naples*, & d'*Italie* ſoient decheües; & je croy que la meilleure qui y ſoit à preſent eſt à *Florence*.

Des Chevaux TURCS.

JE n'ay veu que fort peu de Chevaux de *Turquie*, & il me ſouvient, qu'eſtant à *Anvers*, deux Marchands y en amenerent trois fort beaux, mais eſtrangement faits : Ils avoient la Teſte tresjolie, ſemblable à celle d'un Chameau ; les Yeux excellents; le Corſage aſſes grand ; la Croupe comme celle d'un Mulet; les Jambes nerveuſes; les Paſturons bons; la Corne bonne ; & le Dos relevè comme celuy des Chameaux. Je les fis monter par un gros ruſtaut de Palefrenier *Anglois* que j'avois alors, qui ne leur paroiſoit pas plus peſant qu'une plume; & ils me ſemblerent beaucoup plus propres pour la Courſe,

à

à quoy je croy qu'ils auroient tresbien reuſſi, que pour le *Manege* : Ils trottoient fort bien, & n'alloient point du tout l'amble.

Les Chevaux d'autour de *Conſtantinoble* ſont, ſelon Monſieur *Blundevile*, des Roſſes extremement deſagreables ; Mais l'authorité de ſes vieux Autheurs le trompoit ſouvant ; car j'ay parlè à pluſieurs Gentils-hommes qui y ont eſté, comme auſſi a quantité de Marchands qui en ſont venus, & ils convienent tous, que les plus beaux Chevaux du Monde ſont en ce Païs là, & m'ont dict, qu'au temps qu'on les met à l'herbe, on y voit pluſieurs centaines de Chevaux attachez par le pied, aux quels on change de place, quand ils ont mangé l'herbe d'autour d'eux, ayant, pour ceſt effect, chacun un homme pour en avoir ſoin, nuict & jour, car ils ont là leurs Tentes pour y coucher ; ce qui eſt la plus glorieuſe choſe du Monde à voir, &, ſans doubte, il y a là d'excellents Chevaux, qui couſtent mille, ou mille cinq cents livres, la piece, outre la peyne qt'il y a à les faire paſſer, car le *Grand-Seigneur* eſt fort exact à n'en laiſſer point ſortir de ſon Païs ; Ce n'eſt pas encore tout, car

Y

pour

pour eſviter qu'on ne vous les oſte ſur les chemins,
il vous faut avoir un Turc, ou deux, qui les pro-
tegent ; Il y a pluſieurs autres difficultez à faire
venir en *Angleterre*, ou meſme en *France*, de ces
admirables Chevaux, le Voyage eſtant extremement long & peniple ; & le danger, qu'ils ne devienent malades ou boiteux , infiniment grand ; & ſi
vous n'avez un bon Palefrenier, & un Mareſchal
treſexpert, qui ferre luy meſme vos Chevaux, vous
eſtez aſſuré, que voyant paſſer de ſi beaux Cheuaux,
quelqu'un vous faira piece, & corrompra ceux du
Païs a qui vous les baillerez à ferrer, affin qn' ils les
piquent, & qu'ainſi vous ſoyez conſtraint de les
leur laiſſer ; ce qu'on m'a dict avoir eſté pratiqué fort
ſouvant.

Des *Chevaux* ARABES.

ON nouriſt les Chevaux *Arabes* avec du laict,
& on en faict les plus eſtranges diſcours du
Monde ; car j'ay ouï dire à des Gentils-hommes
fort croyables, & à pluſieurs Marchands, que

le

le Prix d'un vray Cheval *Arabe* eft de dix, vingt, & trente mille livres, (qui eft une chofe tout à faict incroyable) & qu'il n'y a point de Prince plus foigneux de concerver fes propres Genealogies que les *Arabes* font de concerver celles de leurs Chevaux; ce qu'ils font avec des Medailles.   Les Peres donnent à leurs Enfans, lors qu'ils font devenus hommes, deux fournitures d'Armes, avec deux Cimeterres, & un de ces Chevaux; qui eft, avec leur Benediction, toute la Legitime qu'ils leur donnent.   On dict que le Cheval n'a point d'autre Efcurie que la prochaine Chambre de celle ou fon Maiftre couche, qui n'a, fans doubte, point de montéës, les Baffes eftant apparemment les plus commodes en ces Païs chauds. Ils font de grandes merveilles de pouvoir aller, fans debrider, quatre vingts mille fur un de ces Chevaux, & j'ay pû, eftant jeune, acheter un Bidet pour cent frans, qui en auroit bien fait autant avec facilité.

Je n'ay jamais veu qu'un de ces Chevaux, que Monfieur *Jehan Markham*, Marchand, amena en *Angleterre*, & diçoit eftre un vray *Arabe*.

Y 2

C'eftoit

C'eſtoit un Cheval bay, petit, & qui n'eſtoit pas
des mieux faits du Monde ; car j'ay veu pluſieurs Chevaux *Anglois* beaucoup plus Beaux. Celuy là feut vendu cinq mille livres au Roy Ja-
ques, & ne gagna jamais aucune Courſe, ains
feut touſiours batu par les Chevaux *Anglois*.

Des *CHEVAUX de HUNGRIE*.

LEs Chevaux d'*Hungrië* ne valent pas la peine
d'en parler, & neantmoins ſi vons voulez
eſcouter les Hungrois ils vous en diront des
merveilles, comme font auſſi les autres Nations, qui
toutes eſtiment extremement leurs propresChevaux;
Mais pour ceux d'*Hungrië* j'en ay veu pluſieurs,
& vous aſſure qu'ils ne meritent pas d'eſtre eſtimez.

Des

Des *CHEVAUX de POLOGNE.*

QUand le Roy de *Pologne* envoya un Ambaſſadeur extraordinaire a *Paris*, avec quantité de Nobleſſe Polonoiſe, pour conduire la Princeſſe *Marie*, fille aiſnéë du Duc de *Nevers*, en *Pologne*, pour en eſtre Reyne; j'eſtois alors à Paris, & vis cette glorieuſe Entréë, à la polonoiſe ; Leurs Habits eſtoient ſi riches, leurs Bonnets & leur Plumes ſi agreables, & le tout ſi fort a la Soldade, que les Maiſtres des Academies, avec leurs Eſcholiers, qui avoient eſté commandez d'aller au devant de l'Ambaſſadeur, tous braves qu'ils eſtoient, leurs Selles fort riches, les Crains de leurs Chevaux bien garnis de Rubans, & fort à la mode, ne paroiſſoient aupres des Polonois que des Fanfarons; non que leurs Chevaux ne feuſſent bien plus beaux; car c'eſtoit ſeulément es Habits que les *Polonois* avoient un grand advantage à Cheval.

Pour ce qui eſt de leurs chevaux, ils ne me plaiſent point du tout, eſtant faits juſtement com-

Z

me

me nos ordinaires Chevaux *Anglois* : Les Mords
dont ils ſe ſervent ſont ſemblables à nos Bridons, avec des Aneaux pour y attacher les Reſnes, ſans ces petites croix que nos Bridons ont.
Les *Polonois* ne manquent jamais à vous dire,
que leurs Chevaux ſont les plus braves Chevaux
du Monde; mais j'advouë, que je n'ay pas eſſez
de foy pour les en croire : car quand nous diſons
(& c'eſt un vieux Proverbe) que les Chevaux
Polonois ſont les meilleurs du Monde, nous en-
tendons parler des Hommes à Cheval pour ſe
battre, & non pas de loüer leurs Chevaux.

Du *CHEVAL SVEDOIS.*

J'Eus l'honneur de voir la *Reyne de Suede,*
quand elle feut à *Anvers,* ou ſa Majeſté me traita
fort civilement; & apres avoir Admiré les rares
Qualitez qu'elle poſſede, j'eus la curioſité de
voir ſes Chevaux : Ceux de ſelle n'eſtoient pas
grand

grand chofe; mais elle avoit huict Chevaux de
Caroffe de la Race de ceux du Comte d'*Olden-
bourg*, grands & bien-faits, & plus Beaux qu'aucun *Courfier de Naples* que j'aye jamais veu. Ils
eftoient de couleur Ifabelle, & le Crain & la
Queüe eftoient Blancs : Elle les donna à fa *Ma-
jefté Catholique*, & c'eftoit vrayment uu Prefent
digne d'eftre faict à un grand Roy par une grande Reyne.

Z 2   QUELLE.

QUELLE EST
LA
MEILLEURE TAILLE
DU CHEVAL,
SOIT POUR LA GUERRE,
pour le COMBAT d'homme à homme,
ou pour aucune autre chose.

IL y a de grandes contestations entre les Cavaliers sur ce suiet, & sans vous ennuyer du recit de leurs Arguments, je vous en diray brievement mon sentiment. Ceux qui estiment les grands Chevaux, disent qu'ils ont beaucoup de force pour le Choc; Mais bien loin que les grands Chevaux soient tousiours forts, qu'ils sont le plus souvant tresfoibles, & ordinairement n'ont ni Vivacité, ni Action.

Supposez qu'un grand Cheval feut fort, sa

force

force eſt ſi reſpanduë, qu'un Cheval moyen, *Entre deux ſelles,* voire un moindre, qui ſera beaucoup au deſous de luy & en grandeur & en force, ne laiſſera pas de l'abatre; d'ou il ſenſuit qu'un Cheval mediocre eſt meilleur pour la Guerre, & pour le Combat d'homme à homme.

Les Chevaux mediocres, & les moindres, ont, pour la plus part, de la Force, de la Vivacité, & de l'Agilité, & entre cent à peyne s'en rencontrera il un qui ne ſoit bon; au lieu que parmi les Grands Chevaux, c'eſt un hazard d'en trouver un de bon entre mille. Les Chevaux mediocres, & les moindres, ſont bons à tout ; pour le Voyage, pour la Chaſſe du Cerf, & autres Chaſſes, comme auſſi pour l'Oyſeau, & pour galoper en Hyver de longues courvéës ſur les grands chemins; avec cet advantage, qu'en cas de cheute, un petit Cheval n'a garde de faire ſi grand mal au Cavalier, que fairoit un gros Cheval, qui, tombant ſur luy, l'acapleroit par ſa peſanteur. Les Hungres ſont plus propres pour la Chaſſe, & pour l'Oyſeau, en Eſté, comme auſſi pour les grands Voyages qu'on entreprent

A a

en

en cette Saiſon, que ne ſont pas les Chevaux
Entiers; car leur chaleur, & celle de la Saiſon,
leur eſchauffe ſi fort les Pieds, qu'ils en devienent
Forboitus, au lieu que les Hungres eſtant frais,
vayagent beacoup mieux & ne ſe rendent pas ſi
toſt durant les grandes Chaleurs.

Qu'il y a peu de bons CHEVAUX:

IL faut que je vous advoüe, qu'il y a, en tous
Païs, de bons & de mauvais Chevaux; mais
bien plus de mauvais que de bons, comme il
arrive auſſi en fait d'hommes. Bien qu'il y ayt
eu un milion de Peintres, il ne s'eſt pourtant
trouvé qu'un *Vandik* en pluſieurs Ages, & je croy
que de long temps il n'y en aura de ſemblable.
Il en eſt de meſme dans la Muſique, aux Armes,
en l'*Art de monter à Cheval*, & es Chevaux auſſi;
car je vous aſſure, que de trouver un Cheval,
qui ſoit excellent en quelque choſe, n'eſt pas ſans
grande difficulté; & pour le *Manege*, ſoit ſur le

Terrain

Terrain, ou en *Airs*, le plus malaiſé de tout : Il eſt bien vray que l'Art faict beaucoup; mais ſans la Nature, qui en eſt le fondement, il ne peut faire que peu.

J'oſeray entreprendre de faire aller une Vache fort juſte au *Manege*; mais elle ſera touſiours Vache; & tout de meſme une Roſſe *Dreſſeë*, ne ſera qu'une Roſſe, quoy que vous puiſſiez faire.

Il n'eſt pas aiſé non plus de trouver un Cheval entier, ou un Hungre, qui aille doucement l'Amble ſur les Hanches, qui aille de l'Amble au Trot, ou au Galop, & ſoit ferme à la main. Il y en a peu qui vaillent rien avec le Mords; auſſi peu qui ſoient propres pour aucune ſorte de Chaſſe en Hyver, ou qui puiſſent Galoper ſeurement ſur les Guerets, ou es lieux Mereſcageux, dans les Parcs, & dans les Forets, avec le Bridon, la Selle à *l'Eſcoçoice*, & les Reſnes lachéës ſur le Col; ce qui, ſans doubte, eſt le moins dangereux pour celuy qui le monte, dautant que le Cheval galope alors ſur les Hanches.

Les Coureurs ſont les plus aiſez à trouver,

              mais

mais auſſi ſont ils de moindre uſage; car on ne
les court que dans des Bruyéres, qui ſont comme des Tarpis verds, & vont touſiours ſur les
Eſpaules, ce qui n'eſt propre à rien, & eſt capable de faire rompre le Col, ſi on les galope dans
des Lieux raboteux. Nonopſtant tout celà
j'ayme extremement les Courreurs, & les Courſes,
& en ay couru pluſieurs Centaines; ay aſſiſté
aux plus fameuſſes, & ay eſtudié tout ce qui en
deſpend, avec autant ou plus de ſoin, qu'aucun
de ceux qui s'y adonnent le plus.

Eſtant ſi difficille d'avoir un bon Cheval pour
quel uſage que ce ſoit, je conclus qu'un bon Homme de Cheval, & qui ſe cognoiſt en Chevaux,
a beaucoup plus de peyne à choiſir ce qu'il luy
faut, que n'a un Citoyen de *Londres*, qui ne s'y
cognoiſt point, à acheter au Marché de *Smith-
field*, un Cheval de vingt-cinq, ou trente Eſcus,
pour le porter à *Nottingham*, ou à *Salisbury*, au
quel il n'aperçoit aucun deffaut, quand il en auroit cent, manque d'intelligence; en quoy il eſt
heureux, car ſon ignorance faict qu'il eſt treſcon-
tent.

Quel-

Quelque's *autres* REMARQUES
touchant les CHEVAUX.

DE tous les Païs du monde, il n'y en a point, ou l'on soit plus curieux de conserver les Chevaux, ni ou on en face plus grand cas, qu'en *Turquie*, ou ils ont toutes les voyes imaginables, pour les bien Panser & tenir nets : Ils leur mettent premierement une Couverture & un capuchon de fine toile, & par dessus une autre Couverture & Capuchon, faits de poil, douplez de feutre, & tout celà si bien aproprié & si juste, qu'il leur couvre la Poitrine, & leur va assez bas sur les Jambes ; qui est la meilleure façon de Couvertures qui puisse estre.

Les *Espagnols* sont aussi fort soigneux de leurs Chevaux, & leurs Palefreniers sont toufiours dans l'Escurië à y faire quelque chose ou autre, & n'en sortent jamais que pour y rentrer des aussi tost, tant ils sont diligents ; Leur principal soin est à bien netoyer le Crain & la Queüe de leurs

Che-

Chevaux, qu'ils lavent fouvant, & les treffent a-
vec beaucoup de curiofité. Celà n'empefche pas
que les Maiftres n'aillent fouvant à l'Efcurié,
pour tenir les Palefreniers en leur devoir, & neantmoins les *Efpagnols*, & les *Turcs*, tous grands
amoureux qu'ils font des Chevaux, n'en font
pas, pour tout celà, meilleurs Cavaliers, & montent fort court, ont d'eftranges Selles, & Efperons, & des Mords, qui font abominables.

Les *Italiens* fent fort adroits & foigneux a
Panfer leurs Chevaux ; mais ils ont depuis peu
perdu leur *Latin* à les Monter, ou plus toft ils
ne l'ont jamais fçeu faire, & c'eftoit noftre ignorance qui nous faifoit croire qu'ls eftoient parfaits en cet Art.

Il y a des *François* qui font fort exacts à faire
bien Panfer leurs Chevaux, mais la plus part
d'eux ne le font pas : Ils les eftiment infiniment,
donnent des grands Prix pour en avoir; mais
les Palefreniers *François* ne frottent jamais les
Jambes comme il faut.

Ceux de la haute & baffe *Allemagne* ayment
fort les Chevaux; Ils en croyent eftre fort foigneux; mais je ne croy pas qu'ils le foient; Et

loüent

loüent fort leurs Palefreniers, mais je ne pense
pas qu'ils le meritent. Il est constant que les
meilleurs Palefreniers sont les *Anglois*, mais à dire le vray il n'y en a point de bons que ceux
que les Maistres observent exactement ; car comme, selon le Proverbe, *l'Oeil du Maistre engraisse
le Cheval*, aussi est il cause, je vous assure,
qu'il est bien Pancé.

Les *Danois*, les *Suedois*, les *Poulounois*, & les
Hungrois resemblent fort aux *Allemands*, au peu
de curiosité qu'ils ont de bien faire Pancer leurs
Chevaux, & à leur maniere de les Monter. Personne ne va à Cheval en *Allamagne* sans Cavesson, & si ne sçavent qu'en faire, tant ils en ignorent le vray usage : En *Flanders*, en *Brabant*,
en *Hollande*, & en tous ces Pais circunvoisins,
ils ressemblent aussi bien fort aux *Allemands* en
ce qui concerne les Chevaux.

J'ay oui dire que l'Empereur de *Moscovie*
a une belle Escurië, & un Escuyer *François* : Il
luy vient de *Tartarië*, & de *Turquië*, de beaux
Chevaux, mais son Pais n'en fournit point de
Bons. Les Escuyers ne leur sont pas fort utiles,

B b 2

sinon

ſinon qu'ils peuſſent *Dreſſer* les Ours, dont ils ont grande abondance, & les plus Beaux du Monde.

Dans les Terres du grand *Mogul* il n'y a que des Elephants, & tous les bons Chevaux qu'ils ont leur vienent de *Perſe*.

Le Chevalier *Walter Rawley* me dict, il y a fort long temps, qu'aux *Indes Occidentales* il y a des Chevaux tresbien-faits, des plus belles couleurs du Monde, & qui ſurpaſſent en beauté tous les *Chevaux d'Eſpagne*, & *Barbes*, qu'il euſt jamais veux ; deſquels les Indiens ſe ſçavent ſi peu ſervir, qu'ils les tuent pour en avoir les Peaux.

Il y a en *Danemarc* d'excellents Chevaux, & il y en a en *Norvege*, qui quoy que petits, ſont extremement forts ; J'en ay veu ſix atelez à un Caroſſe, de couleur Iſabelle, la Queüe & le Crain blancs, qui eſtoient de treſiolis petits Chevaux, & bien forts, & qui n'avoient point d'autre deſfaut, ſinon que quelques uns d'eux avoient la Teſte un peu trop groſſe.

Les

Les Chevaux d'*Iſlande* ſont auſſi friſez que leurs Chiens, & il n'y a Eſtrille, ni quoy que ce ſoit, qui les puiſſe Pancer, & tenir nets ; & de plus ce ne ſont que de lourdes Roſſes.

Cc   QUEL

QUEL EST
LE
MEILLEUR *ESTALON* POUR AVOIR
DES CHEVAUX,
DE *MANEGE*.

Qnel Soin il faut avoir de luy avant qu'il
Covre les Juments.

Quelles fortes de Juments il faut avoir; Quand,
& Comment il les faut mettre avec
l'Eftalon, pour les faire *Couvrir*.

LE Meilleur Eftalon que nous ayons en cette
Ifle de la *Grande Bretagne*, eft un *Cheval
d'Efpagne* qui ayt beaucoup de Vivacité, de
Force, & de Docilité; & qui foit d'une excel_
lente Difpofition, & de bon Naturel; car s'il eft
vicieux,

vicieux, ou melancholique, tout ce qui viendra de luy en tiendra peu ou prou, & il fera impoſſible d'en *Dreſſer* aucun, & d'en faire un Cheval parfait.

Il faut auſſi que l'Eſtalon ſoit d'une agreeable Couleur, pour donner une bonne Teinture aux Chevaux qui viendront de ſa Race, & qu'il ſoit bien Marqué ; non pas que je croye que la Couleur, & les Marques, ſervent à cognoiſtre la Bonté d'un Cheval, au quel la Force de l'Eſchine du Dos, & la Vivacité ſont principalement conſiderables ; Mais je voudroys pourtant, qu'l feut bien-fait, pour faire participer de ſa Beauté à ſes Deſcendans ; car un Beau Cheval peut eſtre auſſi Bon qu'un Cheval mal-fait, auſſi bien qu'un Cheual mal-fait peut eſtre auſſi Bon qu'un Beau.

Je voudrois qu'on nouriſt l'Eſtalon, durant quatre ou cinq Mois avant qu'il Couvre les Juments, de bonne Avoine, de Pois, & de Feves (& meſme de Pain, ſi on le juge à propos) avec du Foin de bonne odeur, & de bonne Paille de Froment ; comme auſſi de temps en temps, un

C c 2

peu

peu d'Orge, pour luy diverſifer la Nourriture.
Qu'il ſoit monté deux fois le jour pour l'abrever,
au quel temps il le faut promener un peu; mais
pas trop, depeur de l'affoiblir.

Nous ne nous ſervons point pour Eſtalons de
Chevaux Neapolitains, dautant qu'ils ſont trop
Gros, à quoy le Climat d'*Angleterre*, qui eſt
fort humide, encline naturelement nos Chevaux.

Nous ne choiſiſſons pas non plus les *Barbes*
pour Eſtalons, dautant qu'ils ſont trop Minces
pour faire de bons Poulains pour le *Menege*;
quoy qu'ils y ſoient eux meſmes les plus propres
du monde; mais ils ſont fort bons à faire de
Poulains excellents pour la Courſe. Le Chevas /
d'*Eſpagne* eſt entre ces deux extremiter (en quoy
ordinairement conciſte la vertu) & eſtant le
Cheval du Monde le mieux fait, il ne ſe faut
jamais ſervir d'aucun autre pour Eſtalon.

Il faut que les Jnments, qu'on choiſiſt pour
porter des Poulains propres pour le *Manege*,
ſoient courtes depuis le Teſte juſques à la
Queüe; qu'elles ayent la Teſte belle & bien
placéë

placée, le Corſage bon, & pluſtoſt court que long, les Jambes courtes & bonnes, les Paſtu-rons courts & courbez, les Pieds bons, le Dos court; & ſi avec cela elles ont de la Vigueur, & de la Force, & ſont de bon Naturel, c'eſt tout ce qui ſe peut ſouhaiter. Que la Couleur ſoit telle que la plus part du Monde agréé, à quoy je ne m'arreſte point du tout; Et pour l'Age, il doit eſtre de cinq, ſix, à ſept ans; & prenez garde, le plus qu'il vous ſera poſſible, que l'Eſtalon ne ſoit pas trop Vieux. La mi-May eſt la Saiſon la plus propre pour faire Couvrir les Juments, affin que les Poulains naiſſant en Apvril, puiſſent trouver de l'herbe ſur la Terre, pour s'en re-paiſtre.

Pour preparer l'Eſtalon à le mettre avec les Juments, il le faut desferrer des Pieds de derriere, l'amener proche du Lieu ou elles ſont, & luy en ayant faict Couvrir une en main par deux fois (ce qui luy enſegnera à eſtre retenu) oſtez luy la Bride, & laiſſez le aller ou les Juments ſont, qui doit eſtre un Champ, non ſeulemeut comode, mais auſſi ou elles ayent à manger pour ſix ſep-maines, a tout le moins. D.d Il

Il n'y a nul danger de mettre l'Eſtalon avec
toute ſorte de Juments, ſoit qu'elles ayent nouvelement pouliné, ſoit qu'elles ſoient pleines, ou
entierement ſteriles, ce luy eſt tout un; car il
n'en Couvrira aucune qu'elle ne ſoit au plus haut
point de Chaleur, & qu'elle ne le recherche in-
ſtemment.

Apres les avoir Couvertes toutes, il eſſaye encore s'il n'y en a point quelqu'une qui ſoit en
Amour, & s'il en trouve, il les Couvre, & laiſſe
là les autres qui ne le ſont pas : Ayant achevé
ſon Ouvrage, il frape à la Paliſſade pour ſortir,
& il en eſt bien temps; car vous trouverez, en
l'oſtant de là, qu'il n'a que la Peau & les Os ;
& le Crain & la Queüe luy tomberont, comme
les Plumes ſont aux Oyſeaux qui meüent. S'il
a eu à faire a plus de dix ou douze Juments, il
en durera moins, & deſviendra ſi maigre & foible,
qu'à peyne le pourrez vous remettre pour vous
en ſervir la prochaine Annéë.

J'avois oublié à vous dire, qu'il faut qu'il y
ayt, dans ce Champ ou ſont les Juments, une
eſpece de petite Eſcurie, avec une Crêche, ou

l'Eſta-

l'Eftalon fe puiffe mettre à couvert des chaleurs
& du mauvaix temps, & y foit nourri de Blé
& de Pain ; car fans cela il s'afoibliroit beaucoup:
Et il faut auffi y avoir un homme avec une Cabane,
affin qu'il y puiffe defmurer jour & nuict, non
feulement pour vous advertir comment les Juments font Couvertes, mais auffi pour empefcher,
qu'aucun autre Cheval, ou Jument n'en aproche,
& pour prevenir plufieurs accidents qui peuvent
arriver inopinement. Ayant ofté l'Eftalon
d'aupres des Juments, il les faut mettre dans un
autre Pafturage ; Et voyla le vray moyen de
bien faire Couvrir les Juments ; car la Nature
eft plus fçavante que l'Art en l'Acte de la Gene-
ration, & j'ofe promettre qu'en fuivant la Methode qui je viens d'enfeigner, de douze Juments il
n'y en aura jamais deux qui manquent.

Je vous avertis auffi de ne prendre jamais, pour
Eftalon, aucun Cheval que vous ayez eflevé,
parce qu'il eft trop eflogné de la pureté de la
Source, qui eft, ou doit eftre, un vray, & bon
Cheval d'Efpagne ; Et deplus fi l'Eftalon eft un
Cheval que vons ayez nourri, en trois ou quatre

 Gene-

Generations, ſes Deſcendants deſviendront Chevaux de Charette, tant ils ſeront gros, & mal-
faits, ou aumoins ils degenereront en Chevaux
des plus communs du Païs : C'eſt pourquoy
ayez touſiours pour Eſtalon, un vray & pur
Cheval d'Eſpagne.

Les Juments Angloiſes ſont, en *Angleterre*, les
meilleures qu'on puiſſe ſouhaiter pour avoir de
beaux Poulains, & ſi vous les faitez Couvrir par
leurs Peres, ce ſera tant mieux ; car il n'y a point
d'Inceſte parmi les Chevaux, & elles ſeront, par
ce moyen, d'un degré plus proches de la Pureté, un Beau Cheval les ayant engendréës , &
qu'elles ſont auſſi Couvertes par le meſme Beau
Cheval.

S'il y a quelqu'un qui, par un Eſprit de con-
tradiction, veuille diſputer à l'encontre de ces
Veritez, qu'il liſe mon premier Livre de *l'Art de
monter a Cheval*, qui eſt en François, ou je
traitte au long cette matiere des Haras, & à
moins qu'il ne ſoit le plus opiniaſtre du Monde,
il y trouvera des Raiſons, fondéës ſur ma longue Experience, qui, je m'aſſure, le convein-
cront.   *Com-*

Comment Heberger, Nourrir, & Soig-
ner les POULAINS.

VOus fevrerez les Poulains, & les osterez à leurs Meres, environ la *Saint Martin*, qu'il commence à faire froid, & les mettrez dans une Escurië qui aye le Rattelier bas, & la Creche comode. Les Masles & les Femeles peuvent estre ensemble la premiere annéé, & il faut avoir soin que leur Litiere soit tousiours fraiche, le Foin bien choisi, & l'Avoine bonne, & de leur donner du Son de Froment, qui les fait bien boire, & leur fait bon Ventre.

Laissez les aller, de fois à autre, quánd il fait beau temps, dans quelque Enclos, ou ils puissent s'esbatre, & se divertir; & en les remettant dans l'Escurië, il faut prendre bien garde d'empsecher qu'ils ne se blaissent l'un l'autre en entrant.

L'Esté suivant, quand il y a beaucoup d'herbe, il les faut mettre dans des Champs secs, ou l'herbe soit courte & bonne, car pourveu que les Poulains se remplissent le ventre, une fois en vingt-

E e

quatre

quatre heures, cela ſuffit; mais il ne leur faut jamais laiſſer manquer d'Eau, & il faut qu'alors les
Maſles & les Femeles ſoient ſeparez.

Le prochain Hyver venu, à la *Saint Martin*;
ramenez vos Poulains des Champs à l'Eſcurië, &
les traitez, en toutes choſes, comme les autres
Chevaux. Ayant exactement fait ce que je viens de dire, Eſté & Hyver, durant trois ans,
il ne les faut plus mettre à l'herbe, & faut commencer à les Monter.

Il faut tenir enſemble à l'herbe ceux qui n'ont
qu'un an, ceux qui en ont deux de meſme, &
ceux qui en ont trois auſſi; car eſtant d'un meſme Age ils s'acorderont mieux, & folatreront
entre eux avecque plus de ſatisfaction, comme
font les Enfans, qui plus ils ſont egaux en Age,
& mieux ils s'accordent dans leurs Paſſetemps.
Cela ſoit dict pour les Maſles ; car vous pouvez
mettre les Femeles d'un an, de deux, & de trois,
toutes enſemble ſans aucun inconvenient ; mais
je ſerois d'auis qu'on les Montat à deux ans, &
qu'à trois on les fiſt Couvrir; car les ayant bien
adoucies dans leurs ſeconde Annéë, il n'y a nul

dan-

danger qu'elles fe facent du mal, ni à leur Paulains ; Et s'il arrivoit qu'elles, ou leurs Poulains,
feuffent Malades, ou fe bleffaffent, il fera fort
ayfé de les prendre, pour les mettre entre les
mains du Marefchal pour les guerir.

Mais à quoy faire les mettre tous les Hyvers
dans les Efcuries, pourra quelcun dire? La Raifon eft, qu'il n'y a point d'Animaux qui puiffent
moins endurer le Froid, que les Chevaux ; & c'eft
cela qui eft caufe, que les Poulains, que les Pai-
fans tienent, tout l'hyver, dans des Lieux ou à
peyne ils ont dequoy manger, font herifez comme
des Ours, & à demi morts; car de les tenir chaudement, & les nourrir de Foin & d'Avoine, eft
le grand Secret pour bien eflever les Chevaux.
Voyez ces beaux *Chevaux d'Efpagne*, Ils font
eflevez en un Païs fort chaud, & nourris dans
des Pafturages fi fecs, que l'herbe y eft, en plufieurs Endroits extremement rare. La *Barbarie*,
la *Turquie*, le Royaume de *Naples*, font tous
Païs chauds & fecs, & il n'y a point, en tout le
refte du Monde, de Chevaux fi bien-faits : C'eft
pourquoy es Païs froids & humides, il faut de

E e 2

neceffite

neceſſité corriger ces deffauts, en mettant, en Hyver, les Paulains à couvert, & les nourriſſant de
Foin & d'Avoine. Si vous en voulez eſtre plus
aſſuré par l'Experience; Faictez Couvrir, en meſme temps, deux Juments de pareille beauté, par
le plus beau *Cheval d'Eſpagne* que vous puiſſiez
trouver, & ſi elles ont chaſcune un Poulain,
laiſſez en courir l'un à la Campagne trois ans &
demi, & que l'autre ſoit mis à couvert chaſque
Hyver, & nourri comme je viens de le deſcrire,
Celuy qui aura eſté aux Champs, les trois ans
& demi, aura le Teſte groſſe & charnuë, le Col
plein & eſpois, les Eſpaules charnues, les Jambes
gouteuſſes & la peau fort laſche, les Paſturons
foibles, & la Corne treſmauvaiſe, & ne ſera, en
fin, qu'une foible & lourde Roſſe : Au lieu que
celuy qui aura eſté mis à couvert tous les Hyvers, tenu chaudement, & nourri de Foin &
d'Avoine, aura un tresbel *Avantmain*, les Jambes
nerveuſes, la Corne bonne, & ſera plein de Vigueur,
& auſſi beau & bon qu'aucun *Cheval d'Eſ-*
pagne.

Ne puis je pas donc bien conclurre, que pour
avoir

Avoir de beaux Poulains, ce n'eſt pas aſſez, que l'Eſtalon ſoit un beau *Cheval d'Eſpagne*, & les Juments bien choiſies, ſi on n'en prend auſſi le ſoin que j'ay deſcrit; comme il apert par les *Chevaux Allemands*, qui ſont, en comparaiſon de ceux qui naiſſent es Païs chauds, extremement groſſiers, dautant que leur Païs eſt fort froid.

J'ay eſſayé diverſes voyes pour bien eſlever les Poulains, & vous ay enſegné, en peu de mots, ce que j'ay appris par une longue Experience, vous aſſurant que c'eſt là tout le Miſtere, qui ne manquera jamais à bien reuſſir.

Comment Dompter les *POULAINS*.

AYant, durant l'Hyver, mis à couvert les Poulains, ſelon ma Methode, & apres le premier Hyver, les ayant traitez dans l'Eſcurie, comme on faict les autres Chevaux; deſorte qu'ils ſe laiſſent mener, & ſont auſſi doux qu'on puiſſe deſirer; Vous ne devez point craindre, qu'en les Montant, ils ſe Cabrent, ou Sautent, & facent

F f

cent

cent telles Extravagances ; & n'avez nul beſoin, avant que les oſer Monter, de les Haraſer dans des Fondrieres ou Guerets, qui leur oſteroit la Vivacité, le Courage, & l'Haleine : Car ayant eſté nourris, comme je vous ay cy-devant dict, vous les pouvez Monter en toute aſſurance, & les trouverez auſſi doux que des Agneaux, ce qui empeſchera, que vous ne ſoyez obligé à les faire ſuer exceſſivement, qui leur cauſeroit de dange_ reuſſes Maladies.

Vous n'aurez non plus que faire de *Caveſſon de Corde*, que Monſieur *Blundeville* appelle *Cordons de Teſte*, ni de *Bardelle* ; les Selles dont on ſe ſert au *Manege* eſtants ſuffiſantes, avec de bons Eſtriers, & ſur le Nez le Caveſſon ordinaire, pourveu qu'il ſoit bien environné d'un cuir double ; & ſi vous voulez, vous luy pouvez mettre, pour quelques jours, la *Bride à abrever*, ſans Reſnes, apres quoy vous luy mettrez le Mords, du quel je fairay mention cy-apres, & luy enſegnerez les Leçons que vous trouverez parfaitement deſcrites au deuxieſme Livre.

Quant aux Poulains un peu plus âgez & reveſches,

vefches, il les faut mettre au *Pilier*, les Trotter, & Galopper à toutes mains, jufques à ce qu'ils defvienent doux, & qu'ils fouffrent paifiblement qu'on leur paffe la main fur le Dos, ce qu'ils fairont en cinq ou fix jours, fi vous vous fervez de cette Methode; Le *Pilier feul*, à la vielle moe, n'eft bon qu'a cela feulement; Il ne faut pas, au commencement, Monter les Poulains avec des Efperons, & voila tout ce qu'il faut faire pour les Dompter.

Des *Mulets d'Efpagne*.

J'Ay veu des *Mulets d'Efpagne* les plus Beaux du Monde; la Tefte bien-faite & parfaitement bien placéë; le Col le mieux tourné, menu, & relevé comme il faut; le Dos & tout le Corps excellent; les Jambes nerveufes & feches; la Corne admirable; mais la Croupe un peu mince; Et, en un mot, il n'y a point au Monde de Cheval mieux-fait; finon qu'ils ont les Oreilles un peu longues, ce qui, à mon avis, ne leur fied

F f 2   point

point mal. Il y en a de Bays, de Gris-pome-
lez, & de toute sorte de Couleurs. Leur Force
est si grande, qu'elle esgale celle de deux Chevaux, leur Grandeur telle, qu'il n'y a point de
Chevaux plus grands, & le Prix de quelques uns
est de trois à quatre cents Pistoles.

Le Roy d'Espagne en a de tres-beaux &
grands à son Carrosse, & on s'en sert aussi beaucoup pour la Selle; car ils vont parfaitement
l'Amble, & aysement : Ils ne bronchent que
rarement, ne tombent, au pis aller, que sur les
Genoux, & il n'y a point de Monture plus assurée.

Il y a de fort petites Mules, comme
des Bidets, ou des *Golloways*, d'*Escoce*, qui sont
tres-belles, sur lesquelles les Generaux, & les autres Officiers d'Arméé, montent, pour visiter les
Trenchées.

On se sert des Mulets les plus grossiers &
moins beaux pour porter le Bagage, tirer les
Chariots, & tells autres employs. Il y en a
mesme dont on se sert a courre la Poste, & *Don
Jean de Borge*, qui estoit Gouverneur d'Anvers,
m'a dict, qu'il s'en trouve qui vont aussi viste à

l'Amble,

l'Amble, qu'aucun Cheval puiſſe faire au Galop.

Ils vivent long temps, trente ans aumoins, ſont
fort ſains, & pleins de chaleur pour l'acte de ge-
neration, tant Maſles que Femeles, mais ils ſont
entierement ſteriles, les uns & les autres.

Ou dict qu'ils ſont fantaſques, & qu'un Palefrenier, qui les aura Pancez vingt ans, n'eſt pas
aſſuré de n'en eſtre mordu, ni rué; ce que je n'ay
point apperceu en eux, & en ay veu un qui alloit
en *Capriolles* admirablement bien. On dict auſſi
qu'ils ont la Bouche mauvaiſe, & ce n'eſt pas ſans
cauſe, car ils là leur gaſtent avec d'eſtranges Mords,
qui ſont fort differents, comme ſont auſſi leurs
Selles, de ceux dont on ſe ſert pour les Chevaux,
en quoy ils ſont fort mal, & ſont grandement
trompez; n'y ayant rien de plus aſſuré, que les
Mords & les Selles des Chevaux ſeroient beaucoup plus propres à ceux qui portent la Selle :
Car quant aux *Mulets de Summe*, les Harnois
qu'on à expres pour enx, en *Eſpagne*, ſont fort
comodes, & je les approuve bien mieux, que de
ſe ſervir de Cordes, comme ils font meſme dans

G g   *Madrid,*

Madrid, pour tirer les Caroffes, & cela, à mon avis, faute de cuir, & non pas par choix. Les Mulets font fi affurez des pieds, & vont fi fermes, qu'ils font, fans doubte, la meilleure Monture qu'on puiffe avoir pour Voyager dans des Chemins pierreux, & raboteux.

Les Eftalons qui engendrent les beaux Mulets font de grands Afnes avec de belles Juments *Efpagnoles*, & il me fouvient, que le Chevalier *Benjamin Wright*, m'efcrivift de *Madrid*, qu'un bel Afne, pour eftre Eftalon, valoit deux cents cinquente Piftoles ; fur quoy des Perfonnes que j'ay rencontréës depuis encheriffent beaucoup, & m'ont protefté qu'ils couftent bien davantage ; ce que je n'ay pas grand peine à me perfuader, veu les grands fervices qu'on reçoit en *Efpagne* des Mulets.

J'ay ouï dire à *my Lord Cottington*, qu'il y a des Afnes, en *Efpagne*, beaucoup plus grands qu'aucun Cheval qu'il euft jamais veu, & qu'ils font fi furieux, que Perfonne n'en fçauroit approcher pour les Pancer, finon ceux qui en font Meftier, & ne s'adonnent à autre chofe ; Qu'il

faut

faut aûfi que ces Hommes là leur couvrent là
Tefte avec un Capuchon, quand on leur fait
Couvrir quelque Jument, depeur que la Voyant,
ils ne là defchiraffent à belles dents, *jufques à là
tuer*, & ils *Brayent* fi efpouvantablement, qu'il n'y
a point de Lyon qui face plus de bruit.

Il apert de là qu'ils doivent eftre de grand
Prix, & qu'il ne faut pas les eftimer felon ceux
qu'on voit en *Angleterre*, & en *France*, qui font
petits & lourds, & ne valent pas plus de quatre
ou cinq Efcus la Piece. Ceux qui jugent de la
valeur des Afnes d'*Efpagne*, par ceux de *France*
ou d'*Angleterre*, n'en ayant jamais veu d'autres, &
s'imaginant qu'il n'y a rien au Monde qu'ils n'ayent
veu, prenent, pour des Contes faits a plaifir, ce
que je viens de dire des Prix exceffifs qu'on en
donne en *Efpagne*, & en rient; Mais on a bien
plus de raifon de fe moquer d'eux; car (comme
le Chevalier *Rawley* diçoit tres-bien) *Tout ce
qu'il y a d'eftrange au Monde, n'eft pas entre Londres & Staines*, qui ne font qu'a vingt mille l'un
de l'autre, & bornent la cogniffance de bien de
Gens, qui fe croyent fort entendus. Il y a en

G g 2　　France,

France, fur la Frontiere *d'Espagne*, des Afnes affez grands, mais qui ne font pas comparables à
ceux *d'Espagne*; ou il y a auffi des Afneffes belles
& grandes; car autrement il feroit impoffible
qu'il y euft de fi grands Afnes.

Que le feul *MOYEN* de connoiftre les *CHEVAUX* eft de les Effayer.

JE vous ay dict, que les Marques, les Couleurs, & les Elements, ne fervent de rien pour
connoiftre les Chevaux; dautaut que ce ne font
que des *Charlateneries Philofophiques*, & ceux là
des Charlatans qui nous difent de telles Badine-
ries.   Le Beauté mefme ne fert de rien pour faire
connoiftre la Bonté des Chevaux; C'eft pourquoy il n'y a point de meilleure Philofophie;
que de les Effayer, & cela mefme vous peut tromper au choix des jeunes Chevaux, car il arrive
de grands changements aux Poulains, à l'efgard
de leur Vivacité, & de leur Force.   Comme il
n'eft pas poffible de juger d'un Enfant, quel il

fera

fera estant desvenu Homme, aussi ne peut on pas sçavoir d'un Poulain quel Cheval ce sera ; Mais neantmoins je vous conseille de le Monter, & de l'Essayer, puisque c'est la meilleure Philoso-phie, & le seul Moyen qu'on a pour le con-noistre.

Il y en a qui disent, que si un Cheval a la Teste grosse, le Col espois, & les Espaules char-nuës, il est pesant à la Main ; Mais il faut sça-voir, que s'il a quelque indisposition aux Jam-bes, ou aux Pieds, & principalement à ceux de devant, il sera de necessité pesant à la Main, parce qu'il c'y appuyë, comme fait un Gouteux sur son Baston : Et soit il bien ou mal-fait, s'il a quelque incomodité aux Jambes, il faut qu'il soit pesant à la Main, & c'est alors que le Ma-reschal le doit guerir, & non l'Escuyer ; car l'*Art de monter à Cheval* ne peut pas oster ces def-fauts.

Nos *Grands Maistres*, & les Meilleurs *Au-theurs*, disent, que pour Sain que soit un Che-val, s'il a la Teste grosse, le Col espois, & les Espaules charnuës, il faut de necessité, qu'il soit

Hh

poisant

poiſant à la Main, & donnent, comme ils s'imaginent, de bonnes Leçons pour le rendre legier : Ils diſent auſſi, que ſi un Cheval a l'*Avant-main* beau, il doit eſtre legier à la Main ; en quoy ils ſe trompent bien fort ; car j'ay conneu plus de Chevaux legiers à la Main, ayant la Teſte, le Col, & les Eſpaules eſpoiſes, que de ceux qui eſtoient bien-faits, & avoient *l'Avant-main* deſlié & mince : Mais ce n'eſt ni l'un ni l'autre qui en eſt cauſe ; car cela vient de l'Eſchine, laquelle eſtant forte, pour groſſe que ſoit la Teſte, le Col eſpois, & les Eſpaules charnuës, il ſera legier à la main, au lieu que ſi elle eſt foible, pour bien-fait que ſoit le Cheval il y ſera peſant.

La Raiſon de cela eſt, parceque s'il a le Dos bien fort il ſouffrira ſans peine, ni douleur, d'eſtre mis ſur les Hanches, ce qui rend toute ſorte de Chevaux legiers à la Main : Au lieu que s'il a l'Eſpine du Dos foible, quand on le met ſur les Hanches, cela le pique ſi fort, qu'il s'appuyë ſur les Parties de devant, pour eſviter la douleur du Dos, & par fois il s'enfuira, ou ſautera, pluſtoſt que de la ſouffrir : Mais il ne s'enſuit pas, que

les

les Chevaux les plus forts foient les plus propres
pour le *Manege*, ou pour fervir à la Guerre ; car
il les faut Galoper, une heure durant, avant que
de leur pouvoir ofter la fougue, & il eft impoffible, que ces Sauts, qu'ils font à contre-temps,
n'incomodent extremement le Cavalier : Avec
toute cette Force & Vigueur qu'ils ont, on ne
les fçauroit faire aller fi bien, qu'on faira aller
d'autres qui ne feront pas la moitié fi forts ; &
non obftant tous leurs Sauts extravagants, qui
mettent bien fort en defordre un homme armé, le
meilleur Efcuyer du Monde n'en faira jamais un
bon Sauteur.

C'eft pouquoy les Chevaux, qui n'ont qu'autant de Force qu'il leur en faut pour bien endurer l'*Areft*, font les plus propres pour le *Manege*,
& pour la Guerre ; car fans doubte, un Cheval
un peu foible, qui eft Docile, & a une bonne
Difpofition, & de la Vivacité, eft beaucoup
meilleur, & ira bien mieux, qu'un Cheval *Fla-
mand* de Braffeur, qui n'a point de Vivacité : Il y
a bien plus ; c'eft que les plus grands Chevaux ne
font pas ordinairement les plus forts, ains bien

Hh 2   Souvant

souvant tout le contraire; & ce n'eft ni leur Vivacité
ni leur Force qui fait que ces grands Chevaux tirent
ayfement les Charoix, mais bien leur Pefanteur;
l'Experience nous faifant voir, qu'un petit Cheval *Anglois* tire le double pefant, que ne fairoit un grand Cheval de *Flandres*, qui font ordinairement chaftrez.

Comment connoiftre l'Age des *CHEVAUX*.

MOnfieur *Blundevile* dict, qu'il y a des Gens
qui tafchent a connoiftre l'Age des Chevaux, en leur eflognant, le plus qu'ils peuvent,
la Peau de la Chair, avec la Main, qu'ils tienent,
quelque temps, ainfi eflevéé, & puis la laiffant
tomber, ils remarquent fi la Peau retourne juftement en fa place ou non, fans laiffer aucune marque, ou ride en l'endroit d'ou elle avoit efté fou-
flevéé; d'ou ils inferent que le Cheval eft jeune;
Mais fi la Peau ne retombe pas promptement, &

de

de ſoy-meſme, ils diſent qu'il eſt vieux, & qu'il a manque de cette chaleur naturelle, & de ce ſang chaud, qui nourrit les Parties externes; Ce ſont les propres Termes de Monſieur *Blundevile.*

Voyons s'il y a quelque apparence en ce qu'il dict, & quelle certitude a ſa Regle, en un Cheval qui n'a plus de marques à la Bouche : Il y a aſſurement pluſieurs vieux Chevaux, Sains & en bon-point, de qui la Peau, levée avec la Main, retombera au meſme lieu des qu'on la laiſſe aller ; ce qui n'arrivera pas à un Cheval beaucoup plus jeune, qui eſt maladif, maigre, & ſans Vigueur ; d'ou il faut conclurre, que cette vieille Obſervation trompe, & eſt une auſſi grande folië, que de vouloir connoiſtre l'Age d'un Cheval à la Queüe, qui n'eſt pas le bon Bout pour commencer a s'aquerir cette ſçience.

Monſieur *Blundevile* dict auſſi, que quand un Cheval viellit, les Temples luy devienent cruſes, & le Poil de ſes Sourcils griſonne, à quoy il y a beaucoup d'apparence, mais point de certitude; car j'ay veu un jeune homme de dix-ſept ans tout gris, & pourquoy cela n'arriveroit il pas aux Che-

I i

vaux

vaux? Comme j'en ay moymeſme veu à qui cela
eſtoit arrivé; Et quoyque je ne nië pas, que le
Poil gris ne ſoit, le plus ſouvant, un ſigne de
vieilleſſe; ſi eſt ce que je ne croy pas qu'on con-
noiſſe par là le numbre des années, mais ſeulement,
en general, qu'un Cheval qui en a n'eſt pas jeune.

Il n'y a donc point de moyen de connoiſtre
l'Age des Chevaux qu'aux Dents, dont la Regle eſt aſſurée, mais qui ne dure pas paſſé ſept
ans. Le Capitaine *Maxin* croit, qu'on peut
connoiſtre l'Age des Chevaux aux Dents de
deſſus juſques à quatorſe ans; mais ce n'eſt qu'à
quelques uns, & non pas à touts univerſellement.
On ne connoiſt pas l'Age des Chevaux & des
Cavales de la meſme façon.

Je conſeille à ceux qui ont à ſe pourvoir de
Chevaux, pour faire Voyage, ou pour s'en ſervir à la Chaſſe, ou à l'Oyſeau, de n'en jamais
acheter aucun qui n'ayt *Raſé*, c'eſt à dire qui
n'ayt paſſé ſept ans; Et pourveu qu'il ayt l'Haleine, la Veuë, & les Jambes bonnes, il durera
huict ou neuf ans, en le bien Panſant; au lieu
qu'un jeune Cheval eſt ſujet à pluſieurs Maladies,

dies, comme font les Enfans, & vous ferez conftraint, chemin faifant, de le laiffer dans quelque
Hoftelerie, ou les frais fe monteront, en peu de
temps, à plus que le Cheval ne vaut; ce qui
n'arrivera jamais à un Cheval vieux, & quand
j'ay à acheter un Cheval pour de tels ufages,
j'achete un vieux Cheval, de quelque Chaffeur,
ou Fauconier, qui foit Sain, & c'eft là le vray
Cheval de fervice; car il Galope fur toute forte
de Terres, Saute les Hayes & les Foffez, & ne
fe rend jamais dans le Voyage, & eft capable de
faire tout ce à quoy on le veut mettre, horfmis
au *Manege* & a la Guerre; n'eftant pas poffible
que toutes fortes de Chevaux foient bons à tout,
& il les faut employer diverfement felon ce à
quoy ils font propres.

QUEL
EQUIPAGE
Eſt le plus propre au CHEVAL
ET
Plus comode au Cavalier.

DAns mon Livre de l'*Art de monter à Cheval*, imprimé à Anvers, il y a des Selles,
des Mords, des Caveſſons, des Eſtriers, & des
Eſperons exactement repreſentez en Taille-douce;
Et quant aux Sangles, je vous conſeille de n'en
avoir qu'une qui ſoit auſſi large que deux, ſepa-
rée aux deux bouts, comme ſi s'en eſtoient deux,
& un Surfais à l'*Italiene* par deſſus, qui tiendra
ferme, quand meſme les Sangles romproient.

Il faut que les Mords ſoient bien ajuſtez à la
Bouche des Chevaux, & je vous recommende
les Canons à la *Pignatelle,* & les Branches à la

Con-

Conneſtable; car je Monte toujours mes Chevaux avec la meſme ſorte de Mords, dont je me ſuis ſervi au commencement; & n'approve point du tout les Cannons-piſtolets, ni d'eſtre deux ans avant que d'Emboucher les Chevaux.

Soyez aſſuré avant que monter à Cheval, qu'il ſoit bien Sanglé; car comme diſent les *Italiens*, *Qui bien ſangle bien Monte*; ce n'eſt pas qu'un Palefrenier ne puiſſe bien ſangler, ſans ſçavoir Monter; mais leur deſſein n'eſt que de faire connoiſtre, par cette façon de parler, qu'il eſt impoſſible de bien Monter un Cheval, s'il n'eſt bien ſanglé; Et en effect, comment pourroit on bien Monter un Cheval, dont la *S*elle tourne de coſté & d'autre.

Il eſt vray que les Chevaux de *Manege*, dans les *Airs* violents, pourroient rompre les Sangles, ſi elles ne ſont bien fortes; ce que ne faira jamais un Cheval qui va l'Amble; Et je vous avertis, de ne pas ſangler trop ferme, que vous ne ſoyez tout preſt à monter à Cheval; car de le laiſſer ſanglé bien ferme, trop long-temps, dans l'Eſcurie, il en pourroit devenir malade, ainſi que je l'ay

K k　　　expe.

experimenté, dequoy il n'y a aucun danger quand on les Monte, parce qu' alors la violence de l'Excercice fait qu'ils s'enflent, & qu'ils deserrent, par ce moyen, les Sangles, & se les rendent aysées.

Il n'y a rien de plus vray, que les Chevaux, qui ont accoustumé d'estre souvant serrez avec les sangles, senflent le ventre, & retienent l'haleine en sorte, que le Palefrenier a beaucoup de peine à les Sangler; affin qu'apres s'estre desenflez, les Sangles ne les puissent point incommoder; en quoy ils tesmognent plus de finesse, que les pretendus Sçavants ne s'imaginent, quand ils croyent d'escrire un Sot, en disant, *qu'il est un vray Cheval.*

J'ay de plus à vous avertir de serrer la Museliere autant quil vous sera possible; car cela faira, que le Cheval ne pourra, en baaillant, empescher l'effet du Mords; ni mordre vos Pieds, ou la Gaule, quand, pour l'ayder, vous luy en frapez l'Espaule: La Museliere, ainsi serrée comme il faut, tient le Mords ferme là ou il doit estre, pour faire son effet, tant sur les Barres que sur la Gourmette, & luy met & assure bien la Teste.

Tefte. Cela eft fort neceffaire à plufieurs chofes;
& c'eft pourquoy je voudrois auffi, pour beaucoup de Raifons, que le Caveffon feut fort ferré,
& bien doublé, d'un cuir double pour le moins,
depeur qu'il ne bleffe le Cheval; Car bienque
ce foit un vieux Proverbe, *Que Nez feigneux fait*
bonne Bouche, fi ne voudrois-je pas pourtant le
bleffer au Nez, ni à la Bouche, ni ailleurs, à
deffein; & fuis fort affuré, qui fi on ne luy fait
point mal au Nez, la Bouche n'en fera que meilleure.

Les Troufe-queües fiefent fort bien aux Sauteurs, & les font paroiftre potelez & racourcis,
& femblent auffi Sauter plus haut; ce qui me
fait extremement approuver les Troufe-queües
pour toutes fortes de Sauteurs, foit pour les
Croupades, les *Balotades,* ou les *Caprioles,* pour
veuque la Queüe foit attachée fort court fur la
Troufle-queüe.

Pour un Cheval qui fait le *Manege de Soldat,*
va *Terre à Terre,* à *Courbettes,* ou à *Mes-air,*
il n'y a rien plus beau que de le voir la Queüe
trainante, fans aucun artifice, balayer la Terre;

K k 2   ce

ce qui le fait tant mieux voir aller fur les Hanches, en quoy concifte la perfection du *Manege*.

Il n'y a rien de plus agreable, pour embellir le Crain des Chevaux, quand ils ont à paroiftre devant des Princes, ou autres Perfonnes de grande Qualitè, que de le leur noüer, en diverfes manieres, avec des Rubans d'une mefme, ou de differentes Couleurs, foit en les treffant, ou les laiffant pendre naturellement.

Il me femble que les Chevaux ne vont point fi bien fous des Selles extrememement riches, qu'ils font avec celles de cuir toutes unies, & des Brides noires. Il faut que les Selles de cuir foit de Maroquin blanc, piquè de foye, avec des Clous argentez, & une bonne Couverture de cuir noir; La Bride fera auffi de cuir noir, fouple, & affez eftroite; car les larges ne me plaifent point du tout.

Il faut bien prendre garde, que la Selle, ni le Mords, ni le Caveffon, ni aucune autre chofe qui foit fur le Cheval ne le bleffe; car tandis que celà fera, je vous affure qu'il n'ira jamais bien.

Aucun

Aucun Cheval ne peut bien aller par un grand vent; car il ſiffle ſi fort autour de luy, & dans ſes Oreilles, & fait tant de bruit, que celà le deſtourne du *Manege*, comme font auſſi les *Aides* nouvelles, & tout ce à quoy il n'eſt pas accouſtumé: car les Chevaux ſont grandement ſenſibles, & biſarres; deſorte qn'il ne faut pas permettre à aucun Eſtranger d'approcher d'eux.

Il n'y a gueres rien de plus laid, & plus meſſeant à un Cheval que de *Singler la Queüe* à chaque action qu'il fait, à quoy on remedie ordinairement en la luy attachant à l'un des cotez de la Selle; mais la meilleure invention que je ſçache, pour le guerir de ce vice, c'eſt de luy couper en croix le gros Nerf qui eſt ſous la Queüe, ce qui ne luy faira point d'autre mal que la douleur qu'il ſouffre quand il eſt coupé.

PARADOXE Tres-veritable.

APres que les Chevaux de *Manege* ont atteint l'age de cinq ans je ne les mets plus à l'Herbe; car il m'en prit fort mal de suivre le conseil qu'on me donna une fois d'y mettre un Barbe qui estoit morfondu, lequel deuint Poussif, & quand on ne les y mettroit que pour six ou sept jours, ils en deuiendront, je vous assure, pires; soit parce qu'ils y prennent froid, ou dautant que la Chair leur devient molle. Si on donne de l'Herbe aux Chevaux de *Manege*, qui sont extremement eschaufez, & bien souvant fondent leur Graise; au lieu que cela les rafraïchisse, & purge cette Graise; quelle en est endurcie comme du Suif, & l'Herbe ne purge pas assez vigoureusement pour la faire vuider par les selles, n'ayant de force que pour en dissoudre une partië, qui se jettant dans les Veynes & les Arteres, les rend si malades qu'à peine se porteront ils jamais bien. C'est pourquoy faitez les seigner une ou deux fois, au temps qu'on a accoustumé

couſtumé de donner l'Herbe, & donnez leur deux onces d'*Aloez* en Pilules, que vous enveloperez avec du Beurre frais; aprez quoy vous leur donnerez des Juleps refraichiſſants, deux ou trois fois la Sepmaine, pandant quinſe jours, ou trois Sepmaines, & puis les laiſſerez repoſer, les promenant par fois à l'Air, mais fort doucement; & ſouvenez vous, que quand vous Montez dans les grandes Chaleurs, il faut que ce ſoit avec beaucoup de moderation, l'Excercice trop violent leur eſtant alors extremement prejudiciable.

La Paſture des Chevaux de grand Excercice doit eſtre ſeche; car l'humide les gaſte, & leur cauſe pluſieurs maladies; c'eſt pourquoy il ne leur faut jamais donner d'Herbe, ni du Foin que ſelon la Methode ſuivante : Donnez leur en une Poignée avant que de les abreuver, pour les faire mieux boire, & autant apres qu'ils auront beu, pour leur ſervir de Bouchon entre l'Eau & l'Avoine qu'il leur faut donner apres, laquelle, ſans celà, ils digereroient trop viſte; Le reſte du jour & de la nuiⅽt il ne leur faut donner à manger que de la Paille de froment; car, comme diſent

les

les Italiens, *Cavallo di Paglia, Cavallo di Battaglia*, & en effet cette Nourriture leur rend la Chair ferme comme du Bois, leur donne Vigueur, Haleine, & Force ; fortifie les Nerfs, & entretient la Santé ; Mais le Foin les rend Pouffifs, & n'eft bon, comme difent auffi les Italiens, que pour les Chevaux de Charette.

L'Avoine bien nette eft une Nourriture tres excellente pour les Chevaux, à laquelle on peut par fois mefler des Pois, ou des Feves ; mais gardez vous bien de leur donner du Pain, qui les rendroit *Pouffifs* ; ainfi qu'on l'experimente tous les jours es *Coureurs* : Je ne fay jamais donner à mes Chevaux plus de deux Boiffeaux d'Avoine à chacun par Sepmaine & c'eft affurement affez, car ils s'en portent fort bien.

Il faut que le Cheval que vous voulez Monter aye la *Pance* vuide, & il eft neceffaire de le tenir, trois ou quatre heures, matin & foir, avec le Mords a abbrever, la Queüe vers la Creche, pour luy faire avoir meilleur Appetit ; d'òu il reçoit de fort grands advantages pour la fanté.

Le Froment engraiffe le Coeur des Chevaux,

&

& leur fait perdre l'haleine : En *Italie* & en *Espagne* on leur donne d'une certaine sorte d'Orge,
qu'on appelle en *Angleterre Bigg,* qui nourrist
fort bien ; mais non pas si bien que l'Avoyne,
de laquelle ils ont manque en ces Païs là :
Si vous leur donnez de la Paille de Pois, ils pis-
feront rouge comme du Sang ; Mais si vous sui-
vez la Methode que je viens de prescrire, ils
seront toufiours Sains, & en bon-point ; car ce
n'est pas le beaucoup manger, mais bien plus
tost le bon Ordre qu'on tient à les nourrir, qui
fait que les Chevaux se portent bien.

Aux Chevaux qui font grands Mangeurs de
Foin, il ne leur faut donner qu'un peu de
Paille de Froment, depeur qu'ils ne devienent
Poussifs, & aussi gras que des Boeufs engraissez.
Il y en a qui mangent leur Litiere, qui est une
nourriture son seulement fort sale, mais aussi tres-
mal-faine. Ceux qui ont soin des Coureurs ont
accoustumé pour les en empefcher de leur mettre
une *Museliere de Mulets* ; ce que je n'aprouve
nullement, parce que celà les estouffe & les rend mala
des, & en ce cas là je leur mets un Cavesson, qui est at-

M m   taché

taché ſi ſerré qu'ils ne ſçauroient manger, mais ayant le Naſeau en liberté, ils n'en devienent jamais malades.

Prenez bien garde de ne pas laiſſer Pancer vos Chevaux tandis qu'ils ſont encore chauds ; car quoy qu'il y a des impertinents Palefreniers qui eſſayent de le faire pour ſe deſpecher, celà ne fait jamais rien qui vaille ; Et ne permettez pas non plus, qu'on leur donne à manger, apres leur travail, qu'ils ne ſoient rafroidis ; car quand meſme ils ne boiroient point du tout, ou ſeulement quelques goutes pour leur rafraichir la Bouche ; de manger tandis qu'ils ſont chauds eſt de mauvaiſe digeſtion.

Il n'y a rien de plus utile à la Santé des Chevaux, que de les tenir, avec la Bride à abreuver, trois ou quatre heures avant que de les Monter, & autant de temps apres, juſques à ce qu'ils ſoient bien refroidis ; ce qu'il faut reïterer encore l'Apreſdinée.

Depeur qu'ils n'engendrent des Vers, il leur faut meſler un peu de *Souffre* parmi l'Avoyne ; & parfois du *Fenoil-grec,* & meſme une cuillerée

d'huyle

d'*huyle d'olif*; mais un peu de *Miel* eſt aſſurement le plus ſoüverain Remede; Mettez leur
auſſi, tout aupres, du *Sel commun,* qu'ils l'eſche-
ront avec avidite.

Les Chevaux qui font grand Excercice, &
par ainſi s'eſchaufent ſouvant (comme font les
Chevaux de *Manege*) doivent eſtre ſeignez fort
ſouvant, & nourris de Paſture ſeiche; car l'humide, avec un violent Excercice, leur cauſe pluſieurs indiſpoſitions: Les Juleps & Cliſteres ra-
fraichiſſants (que je preſcriray cy-apres) font fort
neceſſaires pour leur entretenir la Santé.

Pour rendre de Poil des *CHEVAUX* Poly & luiſant.

IL y a quatre choſes qui font abſolument ne-
ceſſaries au ſoin qu'on doit avoir des Chevaux: *Les bien Nourrir,* les *Couvrir chaudement,*
les *faire Suer ſouvant,* & les *Panſer bien.*

Les

Les Inſtruments neceſſaires, pour les bien-Panſer ſont, l'*Eſtrille*, qui ne fait qu'enlever la poudre ou craſſe; un *Bouchon de drap*, qui l'emporte eſtant deſtachée; la *Broſſe*, qui l'oſte du fonds du Poil; une *rude Eſpouſſete*, un peu mouillée, qui en oſte le reſte : Mais la *Main mouillée* fait encore mieux que tout cela, & il la faut employer la derniere, parce qu'elle oſte non ſeulement ce qu'il y peut avoir encore de poudre ou craſſe, mais auſſi le Poil qui ne tient pas à la racine, qui eſt une choſe fort neceſſaire à faire. Apres cela il les faut frotter avec un *gros Linge*, puis avec un *frottoir de drap*, & enfin leur mettre la Couverture.

Il y a de plus un certain Couſteau, que nous appellons en Angleterre *Couſteau de chaleur*, parce qu'on s'en ſert quand les Chevaux ſuent, avec lequel on oſte toute la moiteur, qui ſans cela deviendroit craſſe, & donneroit beaucoup plus de peine aux Palefreniers, & emporte auſſi quantité du Poil qui tombe, ce que les autres Inſtruments ne font pas ſi bien ; deſorte qu'il eſt fort excellent pour rafraichir les Chevaux, & pour leur rendre le Poil beau & luiſant.   Aprez

Apres leur avoir bien lavé la Corne, il la faut bien secher, & puis l'oindre, & ayant bien osté l'ordure du dedans avec un fer fait expres, il les faut remplir de fiante de Vache:

Durant les chaleurs de l'Esté il ne faut couvrir les Chevaux que fort legerement, & leur faut laver les Pieds & les Jambes ; comme aussi les Bourses & le Fourreau ; car autrement il s'y engendreroit beaucoup d'ordure ; Il ne faut pas oublier la Verge, qu'il faut tenir nette, & la laver avec de l'eau, ou du vin blanc ; Il faut aussi laver les Temples, les Yeux, les Narines, & la Bouche avec une Esponge trempée en Eau froide ; car celà le rafraichira extremement. De les laver par tout le Corps avec l'Eau, & parfois avec du Savon, fera tres-utile à leur Santé, & à leur tenir le Poil luisant. Le Crain en croistra beaucoup mieux, quand il est lavé avec du Savon ; & si le Poil luy tombe il le faut laver avec la Lessive, qui ne soit pas trop forte, car si elle l'estoit, il tomberoit davantage. De laver & Tresser le Crain, tous les jours, le fait assurement croistre ; Et il ne faut pas manquer de bien laver la Queüe

N n

jus-

juſques au Haut, & de mouiller ſouvant le Haut
avec l'Eſponge, qui non ſeulement en tient le
Poil uni, mais auſſi le fait croiſtre, & le rafai-
chit.

Vous avez beau laver la Queüe des Chevaux
qui l'ont blanche, ils la jauniront inceſſemment
dans leur Fiante & Vrine, à moins que l'ayant
bien nettoyée avec du Savon & ſechée, vous ne
la retrouſiez, & mettiez dans un Sac bien proprement.

Il faut tenir les Oreilles tondues, & ne point
couper du Crain, qu'autant qu'il eſt neceſſaire
pour faire place au Cheveſtre; mais quant à la
Queüe, il la faut couper un peu au deſſus des
Paſturons, & celà tous les mois pour là faire
croiſtre: Pour Ornement vous y pouvez employer des Rubans de toutes ſortes de Couleurs.

Prenez bien garde, que la Litiere ſoit de bonne Paille de Segle, & qui ſoit fraiche chaque nuit;
& mettez des Empas aux Pieds de devant; ce
qui empeſchera beaucoup d'accidents d'arriver;
mais un Empas à un des Pieds de derriere, attaché

ché à un des Piliers, avec une Longe de cuir, affez longue, affin que le Cheval fe puiffe coucher, previendra plus d'inconvenients que vous ne fçavriez vous Imaginer.

Il leur faut tous-jours tenir fur la Croupe une piece de Drap, fous la Couverture. Les Chevaux ne doivent jamais eftre fans Capuchons, lefquels, & les Couvertures feront en Hyver doublées d'une petite Reueche, pour les tenir chaudement.

Ne foyez jamais fans avoir de bons Licols, des Surfangles, & une petite Refne pour attacher les Chevaux à la muraille ou au Ratelier; & fur tout des Brides à abbrever, qui font, comme je vous ay desja dict, extremement utiles.

Gardez vous bien de les Abbrever avant la nuit, apres qu'ils ont efté efchaufez (finon que vous leur vouliez donner un peu d'Eau pour fe laver la Bouche) : car cela eft fort dangereux, parceque les Chevaux femblent eftre affez refroidis en dehors, & font pourtant tousjours chauds en dedans : Et le pis qui puiffe arriver, en ne les abbrevant pas plus toft, eft feulement qu'ils s'ab-

N n 2

ftienent

ſtienent de Manger pour un peu de temps, ou qu'ils ont moins de Ventre, ce qu'il faut preferer à n'avoir point de Cheval du tout.

Comment il faut *Ferrer* les *CHEVAUX*.

C'Eſt un vieux Proverbe, & fort vray, qui dict, *Devant derriere; Derriere devant*, pour donner à connoiſtre qu'au Devant les Veines ſont derriere; car vous voyez qu'aux Fers de devant, il y a une grande eſpace aux deux coſtez du Talon qui ſont ſans aucun Clou : Et au Derriere elles ſont devant, ce qui eſt cauſe qu'il y a aux Fers de derriere une eſpace ſans Clous à la Pince, & cela ſe fait de peur de les Piquer aux Veines, en les ferrant.

Il faut approprier les Fers aux Pieds des Chevaux, & non les Pieds aux Fers, comme on fait en *Flandres* & en *Brabant*, & ouvrir les Talons, autant qu'il ſe peut, tout droit, & non à

coſté,

coſté, qui emporteroit les Talons, en les ferrant
ainſi deux ou trois fois ; & c'eſt au Talon qu'eſt
la force du Pied.   Le dedans du Pied (c'eſt la
Fourchette) doit eſtre coupé avec ſoin, & la
Corne parée ſi creuſe que le Fer ne preſſe point
du tout le Pied.   Il faut que le Fer ſoit bien
pres du Talon, mais il faut bien ſe garder qu'il
y touche ; & qu'il ſoit un peu plus large que la
Corne des deux coſtez, pour par ce moyen,
eſlargir le Talon, & qu' ainſi le Fer ſouſtiene la
peſanteur du Cheval plus que le Pied.

Il faut dong que les Fers desbordent un peu,
& qu'ils ne ſoient ni ſi minces a la Sole, qu'ils
puiſſent entrer dans le Pied, ni ſi eſpois, qu'ils
laſſent le Cheval, ou arrachent les Clous, par
leur peſanteur.

Les Fers eſtant clouez, il y aura à la Pince
beaucoup de Corne à couper, parce qu'elle eſt
là fort eſpoiſe, ſi le Pied à eſté paré ſelon mes
directions ; & eſtant coupée, il y faut paſſer la
Lime ou la Rape pour la rendre bien unië ; Cela faira que le Cheval ſera auſſi ferme, que s'il a-
voit aux Fers des petits Talons à la *Polonoiſe*, &

O o

ſi

ſi fort qu'il n'ira pas ſeulement hardiment ſur les pierres, mais meſme les rompra, ſans ſe bleſſer, ou les trouver tant ſoit peu incommodes : car il eſt ayſé à concevoir qu'on va mieux ſur les pierres avec des Souliers à trois ſemelles, qu' a-vec des Eſcarpins, & de parer les Pieds des Che-vaux ſi minces, comme on fait ordinairement, c'eſt leur mettre des Eſcarpins, qui les font aller ſur les Talons, comme ils font aux hommes qui en portent : Mais la Methode que je viens d'en-ſegner eſt aux Chevaux, un Soulier à trois ſe-melles, avec un petit Talon à la *Polonoiſe*, qui les fait appuier ſur la Pince.

Les Clous devroient eſtre, comme jettez en moule, avec des teſtes rondes & plattes de peur qu'en croiſant les Jambes, les Chevaux ne ſe bleſſent. Cela ſoit dict pour les Pieds de de-vant.

Il faut ferrer les Pieds de derriere juſtement comme ceux de devant, ſoit pour ouvrir les Ta-lons, parer la Fourchette, & rougner la Pince, pour y laiſſer de l'eſpeſſeur; il faut ſeulement a-voir ſoin que les Fers ſoient faits ſelon la forme,

&

& à la proportion des Pieds de derriere,
& un peu desbordez; Quant aux Clous, il ne
leur faut rien plus qu'à l'ordinaire, sinon que la
teste doit estre un peu plus grosse, & plus poin-
tüe, pour, dans l'*Arest*, se prendre à la Terre, de
peur que glissant le Cheval ne se donne l'Enjambe,
& il faut que les Clous soient faits comme je viens de dire, parceque les Chevaux de *Manege*
vont sur les Hanches, & par consequent s'appuient
beaucoup sur les Pieds de derriere qui est cause qu'ils
usent deux fois plus de Fers derriere que devant ;
Et voila la veritable maniere de bien ferrer les
Chevaux de *Manege*.

On ferre les Chevaux de Voyage tout de
mesme, mais un peu plus à l'estroit ; car autrement
ils perdroient les Fers dans les mauvaix chemins.

Les Chevaux de chasse sont aussi ferrez de la
mesme façon, mais encore plus à l'estroit que ceux
de voyage, & il faut que les Fers ne desbordent
point, ains soient entierement esgaux aux Pieds ;
car autrement il y auroit danger qu'ils devinsent
boiteux, passant par de mauvaix Endroits, & ne
renversasent le Cavalier ; outre qu'ils perdroient
assurement les Fers.　　　O o 2　　　Les

Les Fers des Chevaux de Courſe ſont auſſi e-
ſtroits que la ſole du Pied, & ſi minces qu'on les
appelle pluſtoſt des *Platines de fer* bien terves,
que des Fers, deſquelles on ne ſe ſert pas ſeulement pour la legeretté qu'elles ont; mais auſſi
affinque les Clous, (les Coureurs eſtant tous jours
fraichement ferrez avant la Courſe,) ſe puiſſent
mieux prendre à la terre, pour empeſcher les faux
Pas, & les Gliſſades ; car ſi on pouvoit leur
mettre des Clous aux Pieds, ſans Fers, auſſi e-
galement & regulierement qu'avec les *Platines,*
elles ne ſeroient point du tout neceſſaires.

C E

CE QU'IL FAUT FAIRE
QUAND LE
POIL du CRAIN
Et de la *QUEUE* tombent.

Examinez bien le *Crain* & la *Queüe* avec le doigt, & frottez l'Endroit defectueux de cet Unguent : Prenez de *Vif-argent*, amorti avec la Salive à jeun, & de la *Graiſſe de Pourceau*, que vous incorporerez enſemble, juſques à ce que la Graiſſe deſviene de la couleur d'un Gris-cendrè; de laquelle vous Oindrez ſoir & matin l'Endroit malade, en en approchant une Barre de fer rougie au feu, affin que l'Vnguent penetre mieux, & l'ayant réiteré Soigneuſſement trois ou quatre jours, le Cheval guerira; Je me ſuis ſouvant ſervi de cette excellente Receipte avec ſuccez ;

P p   mais

mais je conſeille de tirer, avant que de l'appliquer, une bonne quantité de Sang du Col, & de la Queüe.

Pour faire revenir le *POIL.*

PRenez de la *Fiente de Bouc* nouvelement faite, du *Miel*, de l'*Alun* en poudre, & du *Sang de Porc* ; Bouillez le tout enſemble, & puis vous en frotterez & oindrez les Endroits ou le Poil eſt tombé, qui y reviendra des auſſi toſt.

Pour conſerver le *Crain* de mes Chevaux, j'ay accouſtumé de le faire bien nettoyer, avec la Broſſe, de toute ſorte d'ordure, & puis aprez le laver avec du Savon, lequel il faut ſoigneuſſement oſter avec de l'eau claire ; Cela fait ; je le ſay Treſſer à gros plis, & le Treſſant ainſi & Detreſſant chaque jour, il croiſtra à merveilles ; car eſtant eſpars, il eſt en danger d'eſtre rompu, ſur tout quand on les Monte, à cauſe que la Bride, les Reſnes du Caveſſon, & la main du Cavalier frottent à l'encontre. Que le *Crain* ſoit donques

ques toujours Treſſé, ſi ce n'eſt aux Grands-jours.

La *Queüe* doit eſtre tenuë continuellement nette, & la faut laver, de temps en temps, avec du Savon, & tous les jours avec de l'Eau claire; Et eſtant feſche, il la faut Peigner, avec grand ſoin, de peur de rompre le Poil, & en mouiller le Haut, avec une Eſponge, pluſieurs fois par jour; ce qui faira croiſtre le Poil, & le tiendra uni; comme auſſi d'en couper les extremitez, tous les Mois, la fait deſvenir longue & eſpeſſe. D'obſerver le cours de la Lune n'eſt qu'une vieille & ridicule ſottiſſe; mais il eſt tres à propos de tirer du Sang de la *Queüe*.

Il eſt neceſſaire de ſçavoir, que ce qu'on prend ſouvant pour de la Pouſſiere, ou de la Craſſe, au Crain des Cheuaux, ſont de petits *Vers*, qui mangent la racine du Poil; de ſorte que quand le Poil tombe, vous pouvez eſtre aſſuré, que ce ſont des *Vers*, & non pas Pouſiere ou Craſſe.

On guerit cette infirmité, en lavant une fois par jour, le Crain, avec une *Leſſive* un peu forte; mais il faut prendre garde, qu'elle ne le ſoit pas

 trop;

trop; car elle luy brusleroit tout le Poil, & le
Remede seroit pire que la Maladie.

Rares *RECEIPTES* promisses cy-devant,
pour des Juleps, Clisteres, & Breuvages
tres-utiles, a rafraischir les Chevaux trop
eschauffez, par un violent Exercice,

POur guerir les Chevaux qui ont pris froid,
ou sont morfundus; Prenez une demi livre
de *Miel*, & autant de *Theriaque*, & meslez les
ensemble; Prenez en suite une once de semence
de *Cumin*, mis en poudre; une once de poudre
de *Regalise*; une once de graines de *Laurier*,
mises en poudre, & une d'*Anis* en poudre: Meslez
toutes ces Poudres ensemble, & en mettez autant
qu'il en faut, pour faire que le tout soit aussi espois que de la Bouillië: Donnez en à lecher aux
Chevaux, apres les avoir Montez, au bout d'un
Baston, & s'ils ont pris froid, donnez leur en,
avant & apres les avoir Montez; car il n'y a point
au Monde de Meilleure Medecine. Re-

Reftauratif pour les Chevaux qui ont efté
trop Montez,

PRenez une Pinte de *Laiêl frais*,& y meflez trois
jaunes d'Oeufs, bien battus; Efchauffez le feulement qu'il foit tiede, & y mettez, pour trois
folz de *Saffran*, & pour un fol d'*huyle d'Olive*,
qui eft environ deux ou trois cuillierées; & donnez le ainfi avec la Corne; Vous en pouvez
denner quafi une Quarte à la fois; car ce Breu-
vage eft excellent.

Le *Miel* eft la plus excellente chofe du Monde, foit pour les Poulmons, pour la Morfun-
dure, ou pour ouvrir les Obftruêions, en en
mettant une bonne cuillierée dans l'Avoine, &
continuant quelque temps; J'ay veu des Chevaux pouffifs que cela a guèris.

Il faut faigner fouvant les Chevaux qui par,
des Excercices violents, s'efchaufent par, trop
& ont de grandes Ardeurs dans le Corps; voire
deux ou trois fois, en fort peu de jours, de fuite,

Qq &

& faut tous jours ſaigner juſques à ce que le bon Sang viene: Il eſt auſſi fort bon de les ſaigner à la Bouche, la leur frotter avec du Sel, & leur laiſſer avaler le Sang: Mais ſur tout il les faut bien purger, pour leur faire vuider la Graiſſe fonduë qu'ils ont dans le Corps; car autrement ils ne ſe porteront jamais bien.

Le meilleur Remede pour les purger, c'eſt de leur donner, apres avoir un peu repoſé, deux onces d'*Aloes* dans du Beurre, partagé en deux Pilules; apres quoy il leur faut faire prendre cet excellent Julep rafraichiſſant que je m'en vay descrire.

Prenez *Miel-roſat*; Conſerve de *Roſes de damas*; Conſerve de *Borage*; Syrop de *Violettes*; de chacun quatre onces.

Eau de *Bourage*; Eau d'*Endive* ou *Chicorée*; Eau de *Bugloſe*; Eau de *Plantin*; de chacune demi-Pinte d'*Allemagne*, qui eſt pres d'une Quarte d'*Angleterre*.

Mettez

Mettes toutes ces Conſerves dans un Mortier, pilez les, & les meſlez, peu à peu, avec les Eaux ; puis faitez avaler le tout enſemble au Cheval avec une Corne : Il faut qu'il ſoit froid, & vous y pouvez ajouſter du Syrop de *Citron* : Donnez luy en deux ou trois fois la Sepmaine, durant quinſe jours pour le moins, & aprez celà laiſſez le repoſer.

Nourriſſez le, pendant qu'il a cette grande chaleur dans le Corps, de Son de Froment meſlé avec l'Avoyne, arrouſée d'un peu de Biere, s'il l'ayme. Ce Son eſt la meilleure choſe du Monde, pour luy faire revenir le Ventre, & l'humecter, parce qu'il deſeche les humeurs ſuperflues, qui l'eſchauffent ; Mettez auſſi de ce Son de Froment dans l'Eau que vous luy donnez à boire, & laiſſez le luy manger ; Cela ne le rafraiſchira pas ſeulement & l'humectera, mais de plus luy laſchera la Peau, que la chaleur attache au Corps.

Les *Laitues* ſont fort bonnes, pour rafraiſchir les Chevaux, comme auſſi les Racines de *Chicorée* ou d'*Endive*, qui eſt la meſme choſe : Il faut par fois bouillir de ces Racines là dans l'Eau qu'on

Q q 2

leur

leur donne à boire; & de leur donner à manger du *Pourpier*, de temps en temps, leur faira du bien. D'arouſer le Foin d'un peu d'Eau, & de leur donner des *Raves* ou *Refords* à manger, pour les faire piſſer, les rafraiſchira grandement; Et par ce moyen, en les promenant doucement, & ne leur faiſant point faire d'Excercice violent, qu'ils ne ſoient remis, ils gueriront tout à fait; & vous avez beau chercher dans les Livres de Receiptes, vous n'y en trouverez point de ſi bonne.

Pour *rafraiſchir* les Chevaux.

QUand vous leur mettez le Filet, ou *Maſti-cador*, donnez leur des *Carottes*; ou bien meſlez en avec l'Avoine : Les *Pommes* ſont auſſi excellentes, & les *Melons*, ou leur Eſcorce : comme eſt auſſi d'arouſer l'Avoine avec la petite Biere.

Receipte

Receipte d'un des *JULEPS* rafraischissants que
le Docteur *DAVISON* donne à ceux
qui ont la Fievre.

PRenez deux Pintes d'Eau d'Orge, ou *Tisane*;
deux onces de Syrop de *Violettes* : une
once de Syrop de *Citron*: Meslez le tout ensemble, & vous en servez pour leur estencher la
soif.

JULEP ponr resserrer le Ventre, s'il est trop
lasche durant la Fievre.

PRenez une once d'*Yvoire*, & une once de
Corne de *Cerf*; Rapez les, & les mettez
dans trois Pintes d'Eau, mesure de *Paris*; Faitez
les bouillir ensemble, jusques à ce que la moitié

R r

en

en ſoit conſumée, & les paſſez au travers d'un Linge.   Ajoutez à cette Liqueur quatre onces de Jus d'*Eſpine vinette* & une once & demi de Syrop de *Grenades* ; & vous en ſervez pour rafraiſchir,

Ce *Julep* eſt excellent pour les Chevaux qui ont la Fievre, auſſi bien, que pour les Hommes ; avec cette ſeule difference, qu'il leur en faut donner trois, ou quatre fois davantage ; parce qu'ils ont de plus grands Corps ; car pour les Maladies elles ſont ſemblables, & les Remedes le doivent eſtre auſſi.   Cette Methode guerit aſſurement les Hommes & les Chevaux ; Mais les *Remedes Purgatifs*, ou les *Cordiaux Chauds* ſont fort dangereux & aux uns & aux autres ; ſinon apres qu'ils ſont gueris : car alors il eſt bon de Purger, comme je l'ay dict ailleurs, pour faire ſortir les immondices qui ſont demurées dans le Corps, & rien davantage.

Excel

Excellent *BREVAGE* pour rafraischir.

PRenez une Quarte de *Petit-laict*; & quatre ou cinq onces de Syrop de *Violettes*: quatre ou cinq onces de *Casse*; & un peu de *Manne* ; Cela rafraischira & purgera fort doucement, & est un Remede tres-excellent pour les Chevaux qui font des Excercices violents ; Et est aussi fort propre pour rafraischir les Intestins, estant donné en Clistere.

Tous ces Remedes rafraischissants font tres-utiles aux Chevaux, qui font eschaufez, ou fatiguez, par la violence des Excercices qu'ils font, les ayant premierement purgez avec l'*Aloez*, pour faire fortir la Graisse fondue qu'ils avoient dans le Corps.

Fin de la premiere Partie.

LA
SECONDE
PARTIE.

Pour *Monter* & *Dreſſer* les *Chevaux*
Sur le
TERRAIN.

L n'y a Perſonne qui puiſſe parfaitement *Dreſſer* aucun Cheval,
qu'il ne ſçache exactement toutes
leurs *Allures* naturelles, & les
Actions des Jambes ; & n'aye une grande
connoiſſance des Artificielles.

C'eſt une Regle tres-generale ; Que l'*Art ne*

S ſ

doit

doit jamais estre contraire a la Nature, laquelle il faut qu'il suive, & mette en ordre.

Des *Allures* naturelles.

PRemierement ; l'Action des Jambes d'un Cheval qui va le *Pas* est d'avoir deux Jambes en l'Air, & deux sur la Terre, qui se meuvent en mesme temps en croix, celle de devant & celle de derriere se croisant l'une l'autre ; & c'est là le vray Mouvement du *petit Trot.*

Secondement ; l'Action des Jambes de celuy qui va au *Trot* est tout de mesme ; car le Mouvement des Jambes au *Pas* & au *Trot* est semblable, deux en l'Air & deux sur la Terre en mesme temps, celle de devant & celle de derriere se croisant, &, a chaque fois, celles qui estoient croisées en l'Air se mettant à Terre, & celles qui estoient croisées sur la Terre estant enlevées en l'Air, qui est le vray Mouvement des Jambes au *Trot.*

En troisiesme lieu ; Un Cheval qui va l'*Amble* remuë,

remë, à la fois, les deux Jambes d'un mesme costé;
Quand celles du costé droit sont en motion, celles
du costé gauche sont en repos, & ainsi consecu-
tivement, ayant les deux d'un costé en l'Air,
& les autres deux de l'autre costé a Terre, qui
est un parfait *Amble.*

En quatriesme lieu; Quant au *Galop*, la difference est grande ; car, au *Galop*, le Cheval peut
commencer par l'une ou l'autre des Jambes de
devant qu'il luy plaist ; mais il faut de necessité
qu'elle soit suivië par celle de derriere du mesme
costé, lors qu'il *Galope* droit en avant, & c'est
ce qu'on appelle le veritable *Galop.*

Pour bien entendre ce qu'on veut dire par la
Jambe de devant qui commence & qui conduit,
& celle de derriere, du mesme costé, qui suit ; il
faut sçavoir, que si la Jambe droite de devant
commence & conduit, elle doit estre tousiours la
premiere, & devant l'autre Jambe de devant ; de
mesme que la Jambe droite de derriere, qui la
suit, doit estre constemment devant l'autre de
derriere.

S s 2   Cela

Cela fera manifefte à quicunque confiderera, qu'au *Galop* le Cheval leve les deux Jambes de devant à la fois, l'une un peu devant l'autre, & lors que les Jambes de devant qui eftoient en l'Air approchent de la **Terre**, un moment avant qu'elles la touchent, les Jambes de derriere (eftant en la Pofture que je viens de defcrire) fuivent celles de devant, & font en l'Air toutes quatre à la fois ; parce qu'a mefure que celles de devant vont vers la **Terre**, celles de derriere s'eflevent, & ainfi elles font toutes quatre en l'Air, en un mefme temps ; eftant impoffible, qu'en *Galopant*, il pouffe fes Jambes, à chaque fecouffe, deux fois la longueur de fon Corps, fi le *Galop* n'eftoit une efpece de *Saut en avant.*

La verité de cette Defcription tant du Mouvement que de la Pofture des Jambes du Cheval, quand il *Galope*, ne paroift pas fi evidemment, au petit *Galop*, comme en une *Courfe*, (qui n'eft qu'un grand *Galop*) où le Mouvement eftant plus violent, on voit ayfement tous les quatre Pieds en l'Air à la fois : Mais il n'en eft pas de mefme en *Galopant* fur les *Cercles* ; car alors les deux

Jambes

Jambes de devant conduiſent eſgalement, celle de devant & celle de derriere qui la ſuit eſtant dans la *Volte*.

En cinquieſme lieu : Les *Coureurs*, dans la plus grande viteſſe de leur Courſe, ont les meſmes Mouvements, & les meſmes Actions des Jambes que nous venons de deſcrire pour le *Galop* ; deſorte que toute la difference qu'il y a entre l'un & l'autre, c'eſt que l'un eſt un grand *Galop*, & l'autre un petit *Galop*, en comparaiſon.

Il faut qu'en cet endroit je diſe un mot de ce dont le Monde parle ſans dire ce que c'eſt: Car il y a de l'abſurdite de dire qu'un Cheval puiſſe commencer le *Galop*, & conduire par la Jambe de devant qu'il ne devroit pas, laquelle ils appellent la *fauſſe Jambe* ; eſtant tout à fait indifferent qu'elle des Jambes de devant conduit, pourveu que celle de derriere du meſme coſté ſuive, qui eſt ce qui fait le *Galop* ; & ſi on peut appeller aucune des Jambes *fauſſe*, ce ſera plus toſt l'une de celles de derriere.

T t   Mais

Mais ſi ce qu'ils appellent la *fauſſe Jambe de devant*, eſt ſuivie par celle de derriere du meſme coſté, ce ſera un vray *Galop* ; pourveu auſſi que les Jambes de derriere s'eſlevent avant que celles de devant tombent à Terre, deſorte qu'elles ſoient toutes quatre en l'Air, en meſme temps, qui eſt une eſpece de *Saut en avant.* Ce qu'ils entendent par la *fauſſe Jambe de devant* eſt, lors que le Cheval, dans la viteſſe du *Galop*, change ſes Jambes, & les met à rebours, en ayant deux en l'Air & deux à Terre tout à la fois, qui eſt l'Action du *Trot*, & eſt entierement contraire à celle du *Galop*, & eſt auſſi ſi fort contre Nature, qu'elle met le Cheval en un continuel danger de tomber.

Vne autre ſorte de ce qu'ils appellent la *fauſſe Jambe de devant* eſt, que le Cheval, en Galopant fort viſte, au lieu de tenir tous-jours en avant les deux Jambes d'un meſme coſté, il change de coſté à chaque fois, ayant neanmoins tous-jours la Jambe de devant & celle de derriere d'un meſme coſté, qui eſt l'Action de l'*Amble* ; car il a, en meſme temps, les deux Jambes d'un meſme coſté

coſté en l'Air, & celles de l'autre coſté à **Terre**, & change les Coſtez à chaque fois. Cette Action eſt un *Amble* dans la viteſſe du *Galop*, & eſt ſi differente de celle du *Galop*, qu'elle met le Cheval en grand danger de tomber. Et ce ſont ces deux Actions du *Trot* & de l'*Amble*, dans la viteſſe du *Galop*, qu'ils appellent, par ignorance, la *fauſſe Jambe de devant*..

Il eſt pourtant tres-certain, qu'encore, qu'au vray *Galop*, il n'importe qu'elle des Jambes de devant conduiſe, pourveuque celle de derriere du meſme coſté ſuive ; ſi eſt ce que le Cheval n'ira, ni ſi vite, ni ſi gayement, du coſté au quel il n'eſt pas accouſtumé, comme il fairoit de l'autre y eſtant accouſtumé ; car il luy arriue, en ce cas là, comme aux *Gauchez*, à qui la couſtume rend la Main gauche auſſi utile qu'aux autres la Droite: car autrement, (ſoit ſon *Galop* auſſi petit qu'il puiſſe eſtre) ſes Jambes de derriere ſe porteront au dela des Impreſſions qu'ont fait les Pieds de devant, voire de celle qu'a faite les Pied qui conduit. Par exemple ; Si la Jambe interieure de devant conduit, elle eſt ſuivie de la Jambe in-

T t 2

terieure

terieure de derriere ; & ainfi elles font preffées,
& les Jambes de dehors font en liberté ; deforte
qu'en cette Action la Jambe exterieure de devant
eft premierement mife à Terre, & eft en liberté ;
c'eft le premier temps : Aprez quoy la Jambe
interieure de devant qui conduit, & eft preffée,
fait le fecond temps : Et la Jambe exterieure de
derriere, qui eft en liberté, fe mettant à Terre,
fait le troifiefme temps : Finalement la Jambe interieure de derriere, qui eft preffée, & qui conduit, eftant mife à Terre, fait le quatriefme &
dernier temps ; Deforte que le *Galop en avant*
eft 1. 2. 3. & 4. qui eft le jufte Temps, & la veritable Action du *Galop en avant*, & eft auffi un
Saut en avant ; Mais fur les *Cercles*, au *Galop la
Croupe en dehors*, les Jambes qui font dans la
Volte conduifent tous jours, & ne vont que rarement au dela, & jamais fi loin, que l'Action du
Galop ne foit tous-jours la mefme, qui eft 1. 2.
3. & 4. & un *Saut en avant*.

Du

Du *TROT*.

LE *Trot* est le fondement du *Galop*, & la raison en est ; parce-que les Allures du *Trot* estant croisées, & au *Galop* les deux Jambes d'un mesme costé se mouvant ensemble, quand vous Trottez le Cheval un peu viste au dela des limites du *Trot*, cela le constraint (ayant la Jambe interieure de devant levée) de mettre à Terre l'Exterieure de derriere si soudainement, que l'Interieure de derriere suit de necessité l'Interieure de devant, ce qui est un veritable *Galop* ; & par ainsi le *Trot* est le fondement du *Galop*.

Le fondement de *Terre à Terre* c'est le *Galop* ; parce-que les Actions des Jambes du Cheval sont les mesmes & en l'un & en l'autre ; car une des Jambes de devant conduit dans la *Volte*, & est suivie de la Jambe de derriere, aussi dans la *Volte* ; avec cette difference qu'il faut retenir le Cheval sur la Main un peu davantage en *Terre à Terre*, qu'au *Galope*.

U u   L'Am-

L'Amble n'eſtant qu'une Aċtion intriquée & confuſe, je voudrois la bannir du *Manege*; car le Cheval meut les deux Jambes d'un meſme coſté enſemble, & change de Coſté à chaque motion ; ce qui eſt extrémement contraire au *Manege*; car ſi vous voulez Galoper, au lieu que quand de Cheval eſt au *Trot*, il le faut Trotter plus viſte pour le mettre au *Galop* ; s'il eſt à l'*Amble* il le faut arreſter ſur la Main, pour l'y mettre.

DESCRIPTION

De tous les

MOUVEMENTS

Qu'un Cheval peut faire, tant Naturells qu'Artificiels.

PRemierement, au *Terre à Terre* le Cheval conduit tous-jours avec les Jambes de devant dans la *Volte*, comme au *Galop* ; ayant les deux

Jambes

Jambes de devant levées, & à meſure qu'elles tom-bent, celles de derriere ſuivent; deſorte que les quatre Jambes ſont alors en l'Air en meſme temps, & ainſi c'eſt un *Saut en avant* : C'eſt tout la meſme choſe en la *Demi-Volte*, qui n'a point d'autre Action, que celle du *Terre à Terre* : Mais ſi le Cheval a la Croupe en dedans, ſoit au *Petit-Galop*, ou au *Terre à Terre*, pour lors les Jambes de derriere ne vont pas ſi loin qu'eſtoient celles de devant, parce-que la Croupe eſt en dedans; Mais au *Petit-Galop*, l'Action eſt 1. 2. 3. 4. parceque c'eſt un *Galop* ; au lieu qu'au *Terre à Terre*, ce n'eſt que *A.* 1. & 2. *Pa. T a.* comme à la *Courbette*, ſeulement que le Cheval eſt alors preſſé en avant. La *Courbette* eſt un *Saut en haut*, & plus eſlevé que celuy du *Terre à Terre* qui eſt un *Saut en avant*, & plus bas ; & les Jambes de dedans qui conduiſent, vont plus loin que celles de dehors, qui eſt une Action differente de celle de la *Courbette*.

Secondement, les *Courbettes*, les *Mes-airs*, les *Croupades*, les *Balotades*, & les *Capriolles*, ne ſont autre choſe qu'un *Saut en haut*; car les qua-

U u 2

tre

tre Jambes font en l'Air, lors que celles de devant vont à Terre : Il n'y à pas davantage de *Mouvements artificiels*, que ces deux ; *Terre à Terre*, & les *Airs* que je viens de nommer.

Comment il faut difpofer le *Caveffon*, falon ma Methode ; Quel eft fon Effet, & fon Ufage.

PRenez une des Refnes, qui doit eftre longue, & avoir un petit Aneau au bout, & paffez l'autre Bout dans cet Aneau ; puis mettez là au tour du Pommeau, & le refte au bas de l'Arfon de devant fous voftre Cuiffe, paffant ce qui refte de la Refne par l'Aneau du mefme cofté du *Caveffon*, & tirez le vers vous, foit pour le tenir à la Main, ou pour le lier bien ferme au Pommeau : Il faut difpofer de l'autre Refne tout de la mefme façon.

Le *Caveffon* fert à Arrefter le Cheval, à le Lefver,

Leſver, & à le rendre Legier; luy enſeigne à Tourner, & à Parer; luy affermit le Col; luy aſſure & ajuſte la Teſte, & la Croupe, ſans luy bleſſer la Bouche, ni la place de la Gourmette; & enfin luy ayde & rend ſoupples les Eſpaules, les Jambes, & les Pieds de devant.

C'eſt pourquoy je m'en voudrois ſervir á toute ſorte de Chevaux, qui en iront beaucoup mieux avec le Mords ſeul, leur ayant conſervé la Bouche, & l'ayant renduë ſi ſenſible, qu'ils feront tous-jours fort attentifs à tous les Mouvements de la Main; deſorte qu'un Canon *à la Pignatelle*, les Branches *à la Coneſtable*, & le *Caveſſon* tout en ſemble, eſt une choſe ſi excellente pour l'Excercice du *Manege*, qu'il n'y a rien de comparable; Mais il faut que le *Caveſſon* ſoit à ma Mode, comme je viens de le deſcrire; car cela Aſſoupplit ſi bien, que vous *Dreſſerez*, par ce moyen, toutes ſortes de Chevaux, ſi vous les *Travaillez*, au *Trot*, au *Galop*, en *Parant* & *Reculant*, au *Paſſager*, & les *Eſlevant*, comme il faut, ſelon les Regles de l'*Art*; ce qui les rend ſenſibles à la Main, & à l'Eſperon, d'ou tout depend; & ne

X x   ſont

ſont nullement conduits par la Veuë, ni par l'Ouyë (qui ſont des *Routines*, qu'ils apprenent aux Pilliers) ains ſeulement par l'*Atouchement* à la Bouche, & aux Coſtez. C'eſt par la Veuë qu'on enſeigne aux Chevaux à faire ces Tours que le Vulgaire admire, & ce Cheval tant eſtimé d'un Anglois, qui s'appeloit *Banks*, avoit appris, par ce moyen là, toutes ſes Gentileſſes ; Mais quoy qu'elles ſemblent aux Ignorans fort rares, & tres-difficilles, ſi eſt ce qu'il eſt impoſſible à ceux qui enſeignent ces ſortes de Chevaux, d'enſeigner le *Manege*, ou l'*Atouchement* ſeul opere ; tant il faut d'*Art*, d'*Eſprit*, & de *Jugement* pour ſe bien ſervir de ce Sens ; & il faut avoir une ſi grande Experience, & une Connoiſſance ſi exacte de la Varieté des Diſpoſitions des Chevaux, qu'il n'y peut avoir que fort peu de bons *Hommes de Cheval* ; au lieu qu'à faire Dancer un Cheval, ou un Chien, il y a beaucoup de Perſonnes qui y reuſſiſſent : Mais je n'entends point empeſcher, que les Ignorants ne cauſent leur ſoul, & ne penſent tout ce qu'ils voudront ; car je ne m'intereſſe nullement dans leurs Sottiſes.

La

La Reſne de dedans du *Caveſſon*, attachée courte au Pommeau, ſelon ma Methode, eſt un excellent Moyen pour donner un *Appuy* au Cheval, le rendre ferme à la Main, l'Aſſurer, & luy tenir la Teſte ferme ; Il eſt auſſi tres-utile, quand les Chevaux ſont peſants à la Main ; car la Reſne du *Caveſon* eſtant tous-jours dans la *Volte*, & attachée bien ferme au Pommeau, l'empeſche de ſe trop repoſer ſur le Mords ; ce qui le rend Legier & Ferme à la Main.

La meſme Reſne de dedans du *Caveſon*, attachée courte au Pommeau, eſt tres-utile pour luy aſſoupplir les Eſpaules, qui eſt une excellente choſe ; car cela donne de l'*Appuy* ou il y en a manque, & en oſte ou il y en a trop : Elle fait auſſi *Galoper* le Cheval, & aller *Terre à Terre*, avec beaucoup de juſteſſe ; car cela luy alonge les Jambes dans la *Volte*, & les luy racourcit en dehors, comme il le faut, & eſt fort propre à *Travailler* les Eſpaules de toutes les façons, & la Croupe auſſi, la Reſne & la Jambe eſtant d'un meſme coſté ; comme auſſi pour *Travailler*, la Jambe d'un coſté & la Reſne de l'autre, en toutes

X x 2

ſortes

fortes de Leçons, pour differentes qu'elles foient :
Et c'eft là le Secret d'attacher la Refne de dedans
du Cavefſon courte au Pommeau.

Le Cavefſon, felon ma Methode, *Travaille*
puiſſemment fur le Nez du Cheval, & ainfi a plus de
force de luy donner un plus grand *Ply*, le Nez eftant
la partie de la Tefte du Cheval la plus eflognée de
la Main du Cavalier ; deforte que ce *Ply* eft depuis le Nez jufques au Garrot ; qui eft le *Ply*
du Col, & *Travaille* auffi les Efpaules, ce qu'il
faut faire pour Plier dans la *Volte* ; Cela luy a-
baifſe auffi la Tefte, & le fait regarder dans la
Volte ; car ayant la Tefte abaifſée, cela le met davantage fur les Hanches, quand il eft preſſé : Ceci fe
fait avec la Refne de dedans du Cavefſon tirée
avec force, & attachée au Pommeau, ce qui la
tient plus ferme qu'avec le Main, & opere comme je viens de le dire : Car eftant attachée au
Pommeau elle tient le Cheval dans fon vray
Ply, & ainfi je *Travaille* fur le Mords, ou avec
les Refnes feparées es deux Mains, ou enfemble
dans ma Main Gauche : Quand je le mets au
Paſſager, la Croupe en dedans, au large, ou à
l'eftroit,

l'eſtroit, je l'*Ayde* alors avec la Reſne de dehors
de la Bride; parceque c'eſt une Action du *Trot*,
ce qui eſt contraire, & c'eſt pourquoy il faut qu'il
ayt les Jambes libres au dehors de la *Volte*, pour
paſſer une des Jambes de dedans ſur l'autre : Et
eſtant ainſi lié avec la Reſne du Caveſſon, ſi je
le veux faire aller au *Petit Galop la Croupe en de-*
dans, ou *Terre à Terre*, alors je l'*Ayde* avec la
Reſne de dedans de la Bride, ma Main eſtant
du Coſté de dehors du Col, le Poignet vers le
Col, pour le mettre au dehors de la *Volte* :
Mais au *Petit-Galop*, je le mets quelque fois en
dedans (parceque c'eſt un *Galop*) ce que la
Reſne de dehors fait auſſi, & tous-jours la Croupe
eſt en dedans : Si je veux qu'il *Trotte*, ou *Galope*
d'une Piſte, ſur un Cercle, large ou eſtroit, la
Reſne de dedans du Caveſſon eſtant, comme au
paravant, attachée au Pommeau, alors je l'*Ayde*
de la Reſne de dedans, & de la Jambe de dedans, ou avec la Reſne de dehors, pour l'eſtraiſſir
au devant : Si c'eſt pour luy faire faire la *Pi-*
roüette, je me ſers de la Reſne de dehors; aux
Demi-voltes ſur les Paſſades, de la Reſne de de-

Y y

hors;

hors; pout toutes fortes de *Sauts*, de la Refne
de dehors; aux *Courbettes*, & *Mes-Airs*, de la
Refne de dehors; es *Courbettes en arriere*, de la
Refne de dehors; Mais à *Terre à Terre en fa
longueur*, aux *Pefades*, au *Parer*, & en *Pouffant
en avant*, tout cela fe fait avec la Refne de dedans du Caveffon, attachée ferme au Pommeau,
qni eft une excellente maniere; Aprez quoy il
faut *Aider* tantoft de l'une des Refnes de la Bride,
tantoft de l'autre, felon le befoin, comme je l'ay
enfeigné; Deforte que la Refne de dedans du
Caveffon, attachée au Pommeau, ou l'ayant à la
Main, eft utile à tout ce qui fe fait au *Manege*,
la Croupe en dedans ou en dehors, au *Trot, Galop, Paffager*, toutes fortes *d'Airs, Pefades, Parer
& Reculer*; Et fans cette voye là, il eft impoffible qu'aucun Cheval foit parfaitement *Dreffé*;
qu'il aye *le Ply du Col* comme il faut, ni les *Efpaules Soupples*; qu'il *Regarde dans la Volte*, ni
que les *Jambes aillent bien*, en toutes les Actions
qu'il fait; ni auffi que fon Corps foit proportion-
nement *Plyé*, faifant une partië du Cercle, fur
lequel il va, & eftant *Plyé* de ce mefme Cofté.

Le

Le Caveſſon eſtant ſur le Nez du Cheval,
luy conſerve la Bouche, les Barres, & la Place
de la Gourmette, & avec luy ſeul, ſans aucun
Mords, on peut *Dreſſer* les Chevaux, ce qu'avec
le Mords, ſans le Caveſſon, on ne ſçauroit faire;
parceque les Barres, & la Place de la Gourmette
ſont trop tendres, & que les Reſnes de la Bride
ne peuvent jamais donner le *Ply* aux Chevaux,
ni les Courber aſſez, ni leur aſſoupplir les Eſpaules;
dautant qu'elles ſont proches du Cavalier, & font
effort ſur les Barres, & ſur la Place de la Gourmette; ce qui ne peut, en façon du Monde,
Plyer les Chevaux, comme fait le Caveſſon ſur
le Nez : car les Branches du Mords ſont ſi lentes
dans leurs Mouvements, & les Barres, & la Gourmette ſi baſſes, qu'il n'y a point d'Eſpace, ou
pouvoir Tirer fortement, comme on fait avec le
Caveſſon, qui eſt beaucoup plus haut, & a aſſez
d'Eſpace pour Tirer, & *Plyer* les Chevaux depuis le Nez juſques aux Eſqaules ; au lieu que
le Mords ne fait guere davantage que de Tirer
le Muſeau, & la Teſte, & voila tout.

Y y 2

Il

Il faut *Ayder* de la Refne de dehors pour *Affouplir* les Efpaules, & de celle de dedans pour *Arrefter* l'Efpaule de dehors ; ce qui n'a pas, en toutes occafions, la Force, qu'a la Refne du Cavefon : C'eft pourquoy vous devez vous en fervir tous-jours, & pour toutes fortes de Chevaux, jeunes & vieux, foient ils Poulains, Chevaux demi-*Dreffez*, ou tout à fait *Dreffez* ; de quelque Difpofition qu'ils puiffent eftre ; & qu'ils foient Foibles, Demi-forts, ou tout à fait Forts ; & par ce moyen, mais point autrement, vous les guerirez de toute forte de Vices, & quand vous vous fervirez de la Bride, ils en iront tant mieux, pour avoir efté continuellement *Travaillez* avec le Cavefon.

Remarques ſur le *Caveſſon*, touchant le *Ply*,
ou le *Courber* des Eſpaules du Cheval dans
la *Volte* ; Et en qu'elle *Place* ſont alors
les *Branches du Mords* ; Et ou
c'eſt qu'elles *s'appuyent.*

QUand la Reſne de dedans du *Caveſſon* eſt
attachée bien ferme au Pommeau, & que
vous Tirez la Reſne de dedans de la Bride, le
Cheval courbe ſi fort le Col dans la *Volte*, ſoit
que (ſur des Cercles larges) il eſt la Croupe en
dedans, ou en dehors, qu'alors la *Branche du
Mords*, qui eſt proche de la *Volte*, eſt au dela
du Coſté de dedans du Col, ou de l'Eſpaule,
& la *Branche* de dehors change de Place, ſelon
la diſtance des Branches, qui eſt beaucoup plus
de la Moitié du Col : Ce *Ply* luy Aſſoupplit
extremement le Col, & les Eſpaules, & le fait
Regarder dans la *Volte*, deſorte que la Teſte, le
Corps, les Jambes, & tout le reſte va comme il
faut, ſoit que la Croupe ſoit en dedans, ou en

Z z   dehors :

dehors : C'eft icy la Quinteffence du *Manege*, & fans cette voyë, il eft impoffible de *Dreffer* parfaitement aucun Cheval, ou de le faire Aller avec juftefle, foit fur le *Terrain*, foit en *Airs*; ni de luy faire faire rien qui vaille fur les *Voltes*.

Je vous ay dict, que c'eft avec le *Caveffon*, la Refne de dedans attachée fi courte au Pommeau, qu'elle Tire fi fort la Tefte, & le Col du Cheval; que la *Branche* de dedans du Mords eft bien fort au dedans du Col, du cofté de dedans de la *Volte*; parceque le *Caveffon* opere fur le Nez, & non pas fur les Barres, ni fur la Gourmette; qui eft caufe, que la *Branche* de dedans du Mords va fi fort au dela du Col, du cofté de dedans de la *Volte*.

De l'*Effet* du *Caveſſon*.

LE *Caveſſon* eſt tout autre choſe que le *Mords*; car le *Mords* opere ſur les Barres, & ſur la Place de la Gourmette, & a deux Branches, aux quelles les Reſnes ſont attachées des deux coſtez du Col du Cheval; le *Mords* eſt dans la Bouche, & la Gourmette ſous la Machoire d'enbas, & tout cela eſt fort bas, principalement les Branches : Mais le *Caveſon* eſt ſur le Nez, qui eſt bien plus haut, & n'opere que là, & point dü tout à la Bouche, ni à la Place de la Gourmette. Par ainſi, le *Caveſſon* eſtant attaché, ſelon ma Methode, bien que ce ſoit aux Sangles, ſi vous le Tirez obliquement, en croiſant le Col du Cheval, ayant la Main en dedans de la *Volte*, & le Poignet vers le Col, cela luy levera un peu la Teſte, & luy Pliera le Col, comme fait le Mords, mais bien davantage; parceque vous avez plus de force à Tirer, le *Caveſon* eſtant ſur le Nez,

Z z 2 &

& plus eſloigné de vous, que n'eſt le *Mords* ;
Conſiderez bien, que quand la Reſne de dedans
du *Caveſon* eſt attachée au Pommeau, elle fait la
meſme ligne oblique, que quand vous la tenez à
la Main, avec cette difference ſeulement, qu'elle
eſt un peu plus courte ; mais elle opere les meſmes effets, en tout & par tout, & fait eſlever un
peu la Teſte au Cheval : Au lieu que ſi vous tenez la Reſne à la Main du coſté de dedans de la
Volte ; & là Tirez avec force, & en bas, vous
abaiſſez alors la Teſte au Cheval, & il met l'Eſpaule de dehors en dedans, ce qui eſt fort bien
ſur les Cercles larges, ſoit au *Trot*, au *Galop*, ou
au *Paſſager*, pour les Raiſons dont je cy devant
fait mention : De ſorte que le *Caveſſon* & le
Mords ſont ſi differents en leurs effets, que quand
vous Tirez un peu en haut le *Caveſſon*, il hauſe
la Teſte au Cheval ; & quand vous Tirez le
Mords en haut, & avec force, il luy abaiſſe la
Teſte : Quand vous tenez le *Caveſſon* bas, & en
dedans de la *Volte*, & le Tirez fort, il abaiſſe la
Teſte au Cheval, & ſi vous tenez la Main
de la Bride baſſe, cella luy donne liberté à la
Teſte,

Teste, pour les mesmes Raisons cy-desus alleguées.

Vous Voyez donc maintenant, que le *Cavesson*
& le *Mords* different beaucoup en leurs Opera-
tions, tant est grande la difference qu'il y a entre
le Nez & la Bouche : Il est bien vray, que la
Resne de dedans du *Cavesson* attachée au Pommeau, est une chose si excellente & efficacieusse,
que vous pouvez faire quasi tout ce que vous
voulez avec la Bride ; parceque c'est le *Cavesson*
qui opere, & quand on vient á se servir de la
Bride seule, on se peut ayfement tromper si on
n'y prend bien garde ; car les Effets du *Cavesson*
ainsi lié sont si considerables, que si on ne les a
pas bien remarquez, il est impossible de ne se pas
tromper, lors qu'on se veut servir de la Bride
seule.

Il y a trois *Aydes* differentes, qui se font,
ayant la Resne de dedans du *Cavesson* à la Main ;
la premiere est de mettre l'Espaule de dehors du
Cheval en dedans ; la seconde est de luy mettre
aussi en dedans l'Espaule de dedans ; & la troisiesme est de luy arrester les Espaules.

A a a

Curieusses

Curieusses & veritables *Remarques*, touchant
l'operation de la *Bride seule*, sans lesquelles,
il n'y a personne qui s'en puisse servir
comme il faut.

POur se servir des Resnes de la *Bride* seule,
qui operent sur le Mords, il faut considerer
quelle sorte d'*Engin* est le Mords, du quel l'operation est sur les Barres, & sur la Place de la
Gourmette, & dont les Branches sont comme
deux *Leviers*, pour faire effort en ces deux Endroits là, & ce sont les Resnes qui Tirent, ou
les deux Branches à la fois, ou tantost celle dedans, & tantost celle de dehors.

Les Barres, & la Place de la Gourmette, sont
beaucoup plus basses que le Nez, sur lequel le
Cavesson opere, & les Anneaux, ou sont attachées
les Resnes de la *Bride*, au bout des Branches,
sont plus bas que les Barres, ou que la Gourmette; mais le Mords opere sur les Barres, &
sur

ſur la Place de la Gourmette, ſelon que les Branches ſont tirées par les Reſnes de la *Bride*.

Pour exemple; A Main droite, les Reſnes eſtant ſeparées en vos deux Mains, ſi vous Tirez celle de dedans, & l'eſloignez du Col du Cheval en dedans, vous Tirez alors la Branche de dedans dans la *Volte*, qui fait ſortir l'Emboucheure du Mords, & cela, preſſant le Cheval ſur les Barres en dehors de la *Volte*, le fait regarder en dehors de la *Volte*, & preſſe auſſi la Place de la Gourmette en dehors, & ne peut faire autrement; car quand les Branches ſont tirées en dedans, il faut que l'Emboucheure du Mords aille en dehors, eſtant infaillible, que l'Emboucheure du Mords ira tous-jours du coſté contraire à la Branche que vous tirerez, & c'eſt pour cela que les Mords ſont faits.

A Main gauche, il fait la meſme choſe; ſi vous Tirez la Reſne de dedans en l'eſloignant du Col, l'Emboucheure du Mords ira de l'autre coſté, la Branche va en dedans, & l'Emboucheure en dehors, les Jambes du Cheval eſtant preſſées dans la *Volte* : C'eſt pourquoy au *Terre à*

A a a 2

Terre

Terre, ayant les Refnes feparées es deux Mains, je Tire la Refne de dedans, en l'efloignant du Col, vers lequel j'ay le Poignet, ce qui Tire la Branche de dedans à moy, & alors l'Emboucheure du Mords va tout au contraire; c'eft à dire, que la Branche eftant Tirée hors de la *Volte*, l'Emboucheure eft tournée en dedans, & le Cheval regarde dans la *Volte*, comme il doit faire; & les Jambes font preffées du cofté de dehors de la *Volte*, à Main gauche. La Refne de dedans, Tirée ainfi, fait le mefme effet; ayant la Main en dehors du Col, & le Poignet vers luy, vous Tirez la Branche de dedans hors de la *Volte*, & l'Emboucheure du Mords va en dedans, ce qui preffe le cofté de dedans des Barres, & de la Place de la Gourmette, & par ainfi le Cheval regarde dans la *Volte*, & a les Jambes preffées du cofté de dehors de la *Volte*, ce qui eft le Propre du *Terre à Terre*; d'ou il apert que de *Travailler* avec le Mords, produit d'excellents effets pour le *Terre à Terre*.

De

De l'*Operation* de la Reſne de dehors de la *Bride*.

COnſiderons maintenant l'Operation dé la Reſne de dehors de la *Bride*, & quel Effet elle a ſur les Barres, ſur la Gourmette, & ſur les Branches, qui gouvernent les Barres, & la Gourmette : Par Example ; En allant à Main droite, je tourne la Main en dedans du Col du Cheval, ce qui Tire la Reſne de dehors ; je Tire à moy le Branche de dehors, & par conſequent l'Emboucheure du Mords s'eſloigne neceſſairement de moy, & preſſe le Cheval au coſté de dehors des Barres, qui eſt auſſi le coſté de dehors de la *Volte*, le preſſant ſemblablement du coſté de dehors de la Gourmette, ce qui luy fait regarder du coſté de dehors de la *Volte* ; & tout cela arrive, par-ceque les Branches ſont Tirées vers vous du coſté de dehors, qui fait que l'Emboucheure du Mords s'en eſloigne, eſtant impoſſible qu'elle n'aille tous-jours tout au contraire des Branches ; & il eſt

B b b

tres-

tres-certain que cela aſſoubliſt les Eſpaules, & les ameine en dedans; dont la Raiſon eſt, que les Jambes du Cheval eſtant preſſées du coſté de dedans de la *Volte*, il faut de neceſſité qu'il mette les Eſpaules en dedans ; quoy qu'il ſoit preſſé a regarder en dehors.

Il en eſt de meſme pour la Main gauche, & les Raiſons en ſont ſemblables en toutes choſes, en ſe ſervant de la Reſne de dehors de la *Bride*. Voila l'Anatomie du Mords & des Reſnes, qui n'a jamais eſté faite auparavant : La Reſne de dehors fait fort bien à la *Piroüette*, & es *Demi-Voltes*, ſur les *Paſſades*.

De l'uſage du *Mords* quand le Cheval va *droit en avant*.

Quand le Cheval va *droit en avant*, ſoit au *Trot*, au *Galop*, ou en *Courbettes*, il eſt preſſé davantage ſur les Barres, que ſur la Gourmette;

mette ; parceque les Branches du *Mords* ne ſont
par ſi fort Tirées a vous, ni vers le Col du Cheval, & par conſequent la Gourmette n'eſtant pas
ſi ſerrée, le Cheval a plus de liberté, & a la Teſte
un peu plus eſlevée : Mais ſi vous tenez la Main
de la Bride un peu plus haute, & que vous la
Tiriez à vous, alors la Gourmette opere davantage & abaiſſe la Teſte au Cheval : La Raiſon
de cela eſt, que quand vous Tirez fort les Branches en haut, vous Tirez l'Emboucheure du
Mords en bas, & la Teſte du Cheval par conſequent, qui eſtoit preſſée par la Gourmette : car
il eſt très-certain, que quand les Branches du
Mords ſont-Tirées en haut, l'Emboucheure va
en bas, & ſerre la Gourmette ; parceque la Main
eſt eſlevée ; mais ſi les Branches ne ſont pas
Tirées fortement, la Gourmette eſt laſche, & la
Teſte du Cheval a plus de liberté ; car ce ſont les
Branches qui preſſent les Barres & la Gourmette,
dautant que quand les Branches montent, l'Em-
boucheure du *Mords* baiſſe, & s'eſleve quand les
Branches baiſſent : Et voilà l'Operation, & les
Effets du *Mords*.

B b b 2

D'un

D'un autre *Effet* du *Mords*.

IL faut sçavoir, que les Branches biaisent vers vous, & les Resnes encore davantage, au de-sous de ce que vous en tenez a la Main ; desorte que le *Mords* estant si esloigné de la *Ligne perpendiculaire*, ne peut pas presser bien fort le Cheval, & à mesure que les Branches sont Tirées en haut, l'emboucheure s'abaisse, & s'esleve quand elles s'abaissant, estant tous-jours opposez l'un à l'autre.

La *Ligne perpendiculaire* se fait, quand vous poussez la Main *perpendiculairement* vers le bout des Branches, & ainsi les Tirez en haut avec force ; & cela opere extremement sur la Gourmette, qui Tire la Teste en bas ; Mais c'est ce dont je ne me sers jamais, quoy que j'aye creu à propos de vous le descrire, & de vous en dire les Effets.

De

De l'*Gperation* des deux *Refnes* feparées
es deux Mains.

JE vous ay defia dict, que la *Refne* de dedans
preffe le Cheval du cofté de dehors de la *Volte*,
& le fait regarder dedans; & que la *Refne* de
dehors preffe le Cheval du cofté de dedans de la
Volte, & le fait regarder en dehors: Au *Paffager*
il le faut preffer du cofté de dedans, & par confequent l'Ayder de la *Refne* de dehors; mais
pour le faire regarder dans la *Volte*, je l'Ayde
auffi de la *Refne* de dedans; deforte qu'au *Paffa-*
g er j'Ayde des deux *Refnes*, de celle de dedans
pour luy faire regarder dans la *Volte*, & de celle
de dehors pour luy mettre en dedans l'Efpaule
de dehors, & le preffer fur le Cofté de dedans;
& cela pour plufieurs Raifons que j'ay desja
alleguées.

C c c

De

De l'*Operation* de la *Refne* de dehors de la Bride.

POur la Main droite; vous tournerez en haut le Petit-doigt, &, en le levant, mettez le un peu, (& l'Efpaule de dehors auffi, en mefme temps) en dedans de la *Volte*; Et pour la Main gauche; vous tournerez le Petit-doigt en haut, & le Pouffe en bas, comme au paravant, & le mettrez en mefme temps, (& l'Efpaule de dehors auffi moderement) en dedans de la *Volte*;

Ayant les Refnes de la *Bride* à la Main gauche, comment s'en fervir à la fois, au *Paffager*.

POur la Main droite; mettez la Main en dehors : Et pour la Gauche; mettez la en dehors du Col, dans la *Volte*; ce qui tire la Refne de dehors, & fait voir, comme on peut fe fervir, à l'une & à l'autre Main, des deux Refnes

en

en meſme temps, qui eſt la Quinteſſence du *Paſſager*, dequoy vous avez deja veu les Raiſons.

De l'*uſage* des deux Reſnes de la *Bride*.

IL faut, à la *Pirouette*, Ayder de la Reſne de dehors de la *Bride*; parceque les Parties de devant du Cheval ſont ſerrées, & celles de derriere ſont en liberté : Il faut auſſi Ayder de la Reſne de dehors à la *Demi-volte*, & aux *Paſſades* le long de la muraille, les Parties de devant du Cheval eſtant ſerrées, & celles de derriere en liberté, qui n'eſt qu'une *Demi-pirouette*; Il faut de meſme Ayder de la Reſne de dehors aux *Courbettes en arriere* ſur une Ligne droite, les Parties de devant du Cheval eſtant ſerrées, & celles de derriere en liberté, parce qu'elles conduiſent : C'eſt auſi de la Reſne de dehors qu'il faut Ayder en toute ſorte de *Sauts, Croupades, Balotades,* & *Ca-*

C c c 2

priolles,

priolles, foit en avant, ou fur les *Voltes*; parce que le Cheval a l'*Avant - main* ferrée, & la *Croupe* en libertè; car autrement, il ne purroit *Sauter*.

Au *Terre à Terre* il faut Ayder de la Refne de dedans de la *Bride*; parcequ'alors la *Croupe* eft ferrée, & l'*Avant-main* au large; Demefme es *Demi-Voltes*, il faut Ayder de la Refne de dedans; parceque les Parties de derriere font ferrées, & celles de devant eflargies : Mais aux *Courbettes* fur les *Voltes*, il faut Ayder de la Refne de dehors, parcequ'alors les Parties de derriere du Cheval font affujeties; & celles de devant font eflargies, & en liberté d'aller en a-vant dautant qu'elles conduifent.

Remarques comment il faut tenir les Reſnes
de la *Bride.*

TOutes fois & quantes que vous tenez la Main
de la *Bride* eſgale au Pommeau, cela laſche
la Gourmette; & la laſhe davantage, ſi vouz tenez la Main au milieu du Pommeau; & encore
plus, ſi vous la tenez ſur le Col, parcequ'elle en
eſt tant plus loin de la *Ligne perpendiculaire* :
Mais plus vous tenez la Main de la *Bride* en haut
par deſſus le Pommeau, vous en ſerrez de tant plus
la Gourmette, parceque vous pouvez tirer plus fort,
& par ce moyen approcher davantage de la *Ligne per-*
pendiculaire: Il ne faut pas que la Main aille jamais plus
de deux ou trois doigts au deſſus du Pommeau,
mais bien un peu plus en avant, & qu'elle ſoit à
laiſe, & douce, pouveuqu'elle ſoit ferme; car il
n'y a rien qui faſſe aller mieux les Chevaux ſur les
Hanches, que d'avoir la Main de la *Bride* legiere
& ferme; parceque n'ayant rien ſur quoy s'Appuyer au devant, & eſtant neceſſité à s'Appuyer
ſur quelque choſe, il faut qu'il s'Appuye ſur le

D d d   der-

derriere, & ce font les Hanches. D'avoir la Main legiere eft un des grands Secrets que nous ayons au *Manege* ; mais il n'y a point de Cheval qui puiffe eftre ferme à la Main, s'il ne fouffre la Gourmette & y obeit.

Cela fuffife touchant l'Operation du *Caveffon*, & de la *Bride*.

Mon *Sentiment* touchant les *Efperons*.

LEs *Efperons* doivent eftre plus toft longs de Col que courts, parcequ'avec des *Efperons* longs de Col, le Mouvement du Cavalier eft moindre (foit en Corrigeant, foit en Aydant le Cheval) tel qu'il luy convient; car ceux qui fe tienent le plus coy à Cheval font les plus grands Maiftres en cet Art, au lieu que les ignorants font tous-jours en agitation.

La façon des *Efperons* doit eftre à la *Conneftable* ; que le Col foit un peu rond, & point trop long ; la couleur un fanguin obfcur ; les Boucles & Moulettes d'Argent, qui ne foit point bruni,

affin

affin qu'elles ne ſe rouillent point, comme fairoit
le fer, qui eſtant rouillé envenime les bleſſures
qu'elles font, par fois, aux coſtez des Chevaux:
Il faut que les Moulettes ayent ſix pointes, car
cinq ne donnent pas ſi bien ſur le Cheval, &
qu'elles ſoient auſſi aigues qu'il eſt poſſible ; parcequ'il vaut bien mieux luy faire ſaigner les Coſtez,
que d'y faire des Boſſes & Enfleures, avec des
Moulettes eſmouſſées, qui pourroient cauſer le
Farcin : Deplus, il n'y a rien de plus utile à
un Cheval, que de luy bien faire ſentir la Correction ; C'eſt pourquoy les *Eſperons* bien pointus ſont fort neceſſaires, pourveuqu'on ſén ſerve
avec diſcretion, & il les faut faire connoiſtre à
toutes ſortes de Chevaux, les leur faire craindre,
& obeïr ; car juſques à ce qu'ils ſouffrent les *Eſperons*, & leur obeïſſent, ils ne ſont que demi-
faits, & point *Dreſſez* comme il faut.

La Chambriere eſt trop mouſſe, comme ſont
auſſi toutes ſortes de Foits, ſans en excepter les
petits qu'on tient à la Main ; Ceux qui ſont
faits de fil d'archal tirent à la verité du ſang, mais
non pas en l'Endroit qu'il faut, comme font les

D d d 2

Eſpe-

Esperons : Un Nerf de Beuf peut estre utile pour les Poulains avant qu'on leur face sentir les *Esperons*, mais apres, il est trop mousse ; Une bonne Housine vaut mieux que tout cela ; mais les *Esperons* par dessus tout.

Des differentes *Aydes* & *Chastiments* qu'on donne aux Chevaux avec les *Esperons*.

LA Correction qui se fait avec les *Esperons*, estant un Chastiment, il faut qu'elle se face immediatement apres que le Cheval a commis quelque faute, soit pour luy faire mettre la Croupe en dedans quand il la met en dehors, ou en dehors quand il la met en dedans, ou quand il est *Entier* : Ces Corrections se font parfois avec les deux *Esperons*, & quelquefois avec un seulement ; Avec les deux quand il est *Retif*, & ne veut point aller en avant ; ou pour l'affermir à la Main quand il secoûe la Teste ; ou quand il est *Ombrageux* ; ou qu'il Mord & Rue : S'il s'esleve trop haut,

haut, il luy faut donner des *Esperons* quand il est à moitié retombé vers la Terre, & cela le corrigera ; mais si vous luy en donnez quand il s'esleve, vous le renverserez ; & s'il ne veut point avancer, ou s'eslever en avant, un bon coup des deux *Esperons* le faira lever ; S'il est lourd, paresseux, ou lent au *Manege*, les *Esperons* l'animeront extremement.

Puisque les *Esperons* servent à corriger plusieurs vices, il faut qu'ils soient bien pointus, & les donner vertement, & de toute sa force jusques au sang, affin que le Cheval les sente à bon essient ; car autrement ce ne seroit pas un vray Chastiment. Vous fraperez tousiours des *Esperons* trois ou quatre doigts en derriere des Sangles ; & quelques fois vers les Flancs, si c'est pour faire mettre la Croupe en dedans ; Et soyez assuré qu'il n'y a que les *Esperons* qui rendent les Chevaux sensibles au Talon, & ils ne sçauroient estre *Dressez*, jusques à ce qu'ils y obeissent ; c'est pourquoy il s'en faut servir de necessité, & s'en servir incessement, jusques à ce qu'ils soient souples & obeissants.

E e e   Prenez

Prenez pourtant bien garde de ne les pas endurcir aux *Esperons* ; car si cela arrive, ils ne se soucieront non plus d'eux, que fairoit une Pierre ou une Souche ; c'est pourquoy il en faut donner vertement, quand on en donne, & cela fort rarement, & tres-apropos.

Si les Chevaux reciftent malicieuffement à ne pas faire ce que vous desirez d'eux, ne ceffez de les *Esperonner* puiffemment, jufques à ce qu'ils obeiffent ; & des qu'ils le font le moins du monde, defcendez, & envoyez les à l'Efcurie : Effayez les derechef le lendemain matin, & s'ils obeiffent tant foit peu, flatez les, & les amadoüez, & pardonnez leur plufieurs fautes le jour d'apres, affinqu'ils voyent que vous fçavez faire *Grace* auffi bien que rendre *Juftice*, & Recompencer comme Punir.

Vour voyez à prefent, que les Chaftimens font meilleurs que les *Aydes*, & de combien d'efficace font les *Esperons*, à *Dreffer* les Chevaux, eftant donnez en temps & avec difcretion, puifque cela ne fe fait qu'avec la Main & le Talon, & que les *Esperons* en font dong la moitié, & que la Main

n'a

n'a ſeulement que la preeminence; car quoyqu'il y ayt deux *Eſperons*, & rien qu'une Bride (parceque les Chevaux n'ont qu'une Bouche & ont deux Coſtez) ſi eſt ce que s'ils ne ſont bien mis à la Main, il eſt impoſſible de les rendre obeiſſants au Talon : Le Chaſtiment qui ſe fait avec les *Eſperons* eſt ſi neceſſaire, & afficacieux, qu'il eſt impoſſible, ſans luy, de *Dreſſer* aucun Cheval; à cauſe de quoy il le faut extremement eſtimer, & luy donner le ſecond rang, ayant donné le premier à bien mettre un Cheval à la Main.

Les *Aydes* ſervent à prevenir les fautes, comme les Chaſtimens à les punir : Les *Eſperons* ſervent d'*Aydes*, quand au *Terre à Terre*, ayant la Jambe de dehors comme colée au Cheval, & qu'il ſe relaſche, vous tournez le Talon, pour le pincer des *Eſperons*; ce que vous pouvez ayſement faire, voire juſques au ſang, ſans que perſonne s'en aperçoive : car il le faut faire fort delicatement; parceque les *Eſperons* ſont des *Aydes* tres-delicates, & excellentes, & comme la Quinteſſence de toutes les *Aydes* du *Manege* : Que ſi le Cheval la ſouffre & y obeit, tandis que vous l'a-

E e e 2 reſtez

restez sur la Main, vous pouvez dire qu'il est tres-excellent.

Cette *Ayde* anime le Cheval, & le met en avant; mais quoy qu'elle soit fort excellente au *Terre à Terre*, si est ce qu'elle ne l'est pas tant là, qu'elle l'est pour toutes sortes d'*Airs*; soit que vous pinciez le Cheval avec les deux *Esperons*, ou seulement avec un; parceque cela le met tant plus sur la Croupe, & luy ramasse davantage les Parties de derriere, & puis apres le met en avant; c'est pourquoy elle est plus propre aux *Airs*, qu'au *Terre à Terre*; mais fort excellente & pour l'un & pour l'autre. En voila assez touchant cette *Ayde* des *Esperons*, qu'on appelle *Pincer*.

Il y a un autre usage des *Esperons*, que j'appelle aussi une veritable *Ayde*, & qui n'est pas un effet si violent que le Chastiment, ni si pressant que le Pincer, mais est entre les deux, & c'est que quand le Cheval galope la Croupe en dedans, ou va *Terre à Terre*, s'il n'obeit pas assez à la Jambe, qui le touche, ou en est fort proche, il faut faire un certain Mouvement de la Jambe

Jambe, comme ſi vous luy vouliez donner des
Eſperons, & l'en toucher ſeulement aſſez pour les
luy faire ſentir; C'eſt la choſe la plus delicate
qu'on puiſſe faire avec les *Eſperons*, qui enſegne
au Cheval à les obeïr, & le met en avant, &
eſt excellente au *Terre à Terre*, & au *Petit-galop*
la Croupe en dedans. & beaucoup meilleure que
le *Pincer*; parceque cela met le Cheval en avant,
& luy fait obeïr les *Eſperons*, en meſme temps;
mais n'eſt nullement propre aux *Airs*; parcequ'
alors le Cheval doit Sauter en haut, & n'aller
que peu en avant, c'eſt pourquoy le *Pincer* eſt
plus propre pour les *Airs*, dautant qu'il eſleve
la Croupe du Cheval, qui par conſequent ne
peut aller en avant, & ce petit Atouchement de
l'*Eſperon*, qui eſt ſemblable à ce qu'il ſent quand
en l'eſperonne, eſt fort propre pour *Terre à Ter-*
re, & au *Petit-Galop la Croupe en dedans*, parce
qu'il met le Cheval en avant, & luy fait obeïr
l'*Eſperon*.

Quand un Cheval comprend bien ce Chaſtiment, & eſt bien ſenſible des deux *Aydes*, qui
ſe font avec les *Eſperons*, vous devez eſtre aſſuré,

F f f

qu'il

qu'il n'en aura pas befoin long temps, ains fera
tres-fenfible, ira librement, & vous obeira vo-
lontairement, en le touchant feulement du Gras
de la Jambe; car les Aydes, qu'on pretend faire
avec les Cuiffes, font tout à fait ridicules; & il
n'y a point d'*Aides*, que le Cheval puiffe fentir,
que celles qui fe font avec les *Efperons*, & avec
le Gras de la Jambe.

Des *Aydes* fecrettes du Gras de la Jambe, & des *Efperons*.

LOrs que vous eftez à Cheval ferme fur les
Jarrets (ce qui fe fait en mettant le Talon
en bas) le Gras de la Jambe s'approche du Cheval, & le Talon s'en efloigne; Et quand vous
pliez les Jarrets (qui fe fait en baiffant la pointe
du Pied) le Gras de la Jambe s'en efloigne, &
le Talon s'en approche : Ce que je viens de dire eft auffi veritable, qu'il eft peu commun.

Il

Il n'y a rien qui rende les Chevaux Reſtifs & Vicieux, comme font les *Eſperons* donnez mal à propos; ni qui les *Dreſſe* mieux, eſtant donnez à propos.

De ſe bien ſervir de la Main & des Talons contient tout ce qu'il faut principalement ſçavoir, pour *Dreſſer* parfaitement les Chevaux, & c'eſt ce dont je vous ay deſcrit la Perfection.

De la *Houſſine*.

LA *Houſſine* ne ſert que rarement de Chaſtiment, & fort ſouvant pour les *Aydes*, qui font plus employées à en faire Parade, que pour le beſoin, & une ſeule *Houſſine* peut ſervir demi-an, en ne s'en ſervant que comme il faut; parce, que c'eſt avec la Main & les Talons ſeulement, comme je viens de dire, qu'on *Dreſſe* les Chevaux.

Les *Aydes* de la *Houſſine* ne ſont point propres

aux Chevaux de Guerre, parceque c'eſt, avec la Main & les Talons, qu'il les faut faire aller, & qu'un Soldat doit avoir l'Eſpée, & non une Houſſine, à la Main droite ; Mais on s'en peut ſervir à la faire tous-jours voir du Coſté contraire à celuy du quel le Cheval va ; ou à la tenir en haut, avec Grace, à chaque changement.

L'Uſage de la Houſſine au Terre à Terre.

A Main droite, il faut tenir la *Houſſine* haute, de bonne Grace, & en frapper quelque fois le Cheval ſur les Eſpaules, s'il en eſt beſoin, & par fois, par deſſus les *Eſpaules*, ſur la Croupe, ſi l'occaſion le requiert.

A Main gauche, il la faut tenir droite en haut ; ou la mettre, de bonne Grace, ſur les Flancs du Cheval, & l'y tenir durant les *Voltes* ; ou bien luy en donner un coup ſur le Flanc, ou ſur l'Eſpaule, comme on voit eſtre à propos.

Ces meſmes *Aydes* avec la *Houſſine* ſervent aux *Demi-Voltes*, & aux *Paſſades* ; mais à la *Piroü-*

ette

ette, il la faut tous-jours tenir du Costé contraire.

L'Usage de la Houssine aux Courbettes.

A Main droite, **es** *Voltes,* il faut tenir la
Houssine un peu courte, & en Ayder le Cheval,
en croisant sur le Col, de bonne Grace ; l'en touchant parfois & parfois non, & luy en donnant
mesme un bon coup, quand il en est besoin ;
Mais à Main gauche, il le faut Ayder sur l'Espaule de bonne Grace, justement, & à temps.

Il y a encore une autre *Ayde,* qui se fait, en
tenant la *Houssine* un peu longue, & la singlant
devant & derriere, ayant le Bras eslevé, & plustost
courbé, tant soit peu, au Coude, que droit : Et
quand le Cheval va en avant, ayant le Costé
droit vers la Muraille, il n'y a point d'*Ayde*
plus agreable avec la *Houssine,* que d'en fraper
continuellement la Muraille.

G g g

Des

Des *Aydes* de la *Houffine* en toutes fortes
de *Saults.*

DE Singler la *Houffine* en avant & en arriere
eft une fort belle *Ayde*, mais elle force un
peu trop le Cheval en avant, jufques à ce qu'il
y foit accouftumé.

C'eft auffi une tres-belle *Ayde*, mais qui eft
difficile, d'Ayder le Cheval de la *Houffine*, non
pas par deffus l'Efpaule, ains au deffus du ply
du Bras, lequel doit eftre un peu efloigné du
Corps, & un fpeu plyé, qui fait que la pointe
de la *Houffine* donne juftement au milieu de la
Croupe.

Mais la meilleure & plus affurée *Ayde*, qouy-
qu'elle n'ayt pas fi bonne Grace, eft de tourner
la *Houffine*, & en mettre la pointe vers la Croupe
du Cheval, pour l'Ayder d'un coup feulement
chaque fois, & en temps : Mais s'il ne leve pas
affez la Croupe, il l'en faut Ayder *De tout temps,*

c'eft

c'est à dire, qu'il luy en faut donner deux ou trois coups à la fois, & il n'y a point d'*Ayde* qui soit plus assurée.

Si le Cheval est fort legier du derriere, ce que peu de Chevaux font, il le faut Ayder de la *Houssine* au devant seulement, & en temps.

Si vous voulez que le Cheval *Acroupisse* les Parties de derriere, sans ruer, ou espater, il le faut alors Ayder en luy donnant de la *Houssine* sur le milieu de la Croupe; Et si vous voulez qu'il ruë, & espate, Aydez le de la *Houssine* en l'en frapant prez du trunc de la Queüe : Que si vous voulez qu'il mette les deux Jambes de derriere sous le Ventre, frapez le alors de la *Houssine* sur le Jarret : Ainsi ces trois Aydes de la *Houssine* font que le Cheval s'Acroupist; ruë & espate; & met les Jambes de derriere sous le Ventre.

Mais il n'y a point d'*Ayde* avec la *Houssine* qui approche de l'excellence de celle qui se fait avec deux *Houssines*; de l'une on fait lever le Cheval devant, & de l'autre on l'Ayde sous le Ventre; ce qui le met si fort sur les Hanches, qu'il n'y a rien de si propre pour les *Courbettes*, quand

G g g 2

il

il est attaché court à un Pillier, selon ma nouvelle Methode.

[De l'usage de la *Voix* au *Manege*.]

ON se sert de la *Voix* au *Manege* en trois differentes manieres; Pour *Chastier* en menaçant;
ou pour *Ayder* en encourageant; où pour *Ca-
resser* en flattant; desquelles trois choses nous ne
nous servons presque jamais, ou tres-rarement,
parceque ce n'est ni par l'*Ouïe* ni par la *Veuë*, mais
par l'*Attouchement* seul, avec le Main & les Talons, qu'on *Dresse* parfaitement les Chevaux.

De l'uſage de la *Langue* au *Manege*.

L'*Ayde* de la *Langue*, (qui eſt un certain ſon qui ſe fait en l'approchant du Palais, & l'en retirant ſoudainement) eſt excellente à Encourager un Cheval, & le Ramaſſer, au *Terre à Terre*, mais ſur tout en toutes ſortes d'*Airs*, es quels il n'y a rien de meilleur.

Comment il faut que les Chevaux ſoient Recompenſez, & Punis.
ET
Qu'ils font beaucoup plus par *Crainte* que par *Amour*.

IL eſt impoſſible de *Dreſſer* aucun Cheval, qu'il n'ait premierement quelque Connoiſſance, & ne me reconnoiſſe pour ſon Maiſtre, en m'obeiſſant; c'eſt à dire, qu'il faut qu'il me Craigne, & que cette *Crainte* face qu'il m'*Ayme*,

H h h &

& ainfi qu'il m'Obeiffe : car c'eft la *Crainte* qui fait Obeir les Hommes & les Beftes ; Ayez donc foin de vous faire *Craindre*, & il vous Obeïra pour fon propre intereft, depeur d'eftre Puny. L'*Amour* qu'il me peut porter ne l'attache pas à moy fi certainement ; parceque alors je depends de fa Volonte, & quand il me *craint* il depend de la miene ; & c'eft là un Cheval entierement fait & bien *Dreffé* : Ce n'eft donc pas l'*Amour*, ains la *Crainte*, qui fait tout au *Manege*, & par confequent il vous faut faire *Craindre* ; car c'eft le Fondement de bien *Dreffer* toutes fortes de Chevaux ; en quoy je vous donne un Confeil d'Amy.

Pluvinel, & la plus part des grands Maiftres en l'*Art de monter à Cheval*, loüent fans ceffe la *Douceur*, les *Flatteries*, & les *Careffes*, foit en les Amadoüant de la Main & de la Voix, ou mefme en leur donnant, comme par recompence, quelque chofe a Manger : Et *Pluvinel* dict, qu'il faut eftre Prodigue de *Careffes*, & Avare de *Chaftimens*, & prendre bien garde de ne jamais Offencer les Chevaux, qui eft, difent ils, le feul Moyen

de

de les *Dreſſer* : Il y a pourtant des *Eſcuyers* qui font de tres-bons Chevaux, ſans les flatter beaucoup, & fort rarement, ſoit avant que de les Monter, ou en les Montant, ou en Deſcendant, ou meſme dans l'Eſcurie; Ils ne les menacent jamais de la *Voix*, ni ne leur Parlent, & c'eſt, ſans doute, affin de les Aſſujetir, & tenir en *Crainte* ; car la *Familiarite engendre Meſpris*, & la *Douceur* les rend Preſumptueux, au lieu que la *Crainte* les rend diligents & prompts à Obeir.

Ces Eſcuyers là ne ſe ſervent nullement de la *Houſſine*, ni moy auſſi; car une ſeule me ſervira quaſi un An entier: Je ne me ſers pas non plus de la *Voix*; parceque c'eſt une bonne Main, & des bons Talons, qui ſeuls *Dreſſent* les Chevaux, & qui laiſſent rarement paſſer aucune faute ſans la punir: Il peut arriver que les ayant Chaſtiez, on les *Eſperonnera* derechef le landemain matin; mais autrement il ne les faut jamais *Eſperonner*, que lors qu'ils ont failli, & par ce moyen, de ne pas ſentir l'*Eſperon*, leur tient lieu d'une eſpece de Recompence, quand ils font bien: Cela peut certainement eſtre fort bon à *Dreſſer* les Chevaux.

H h h 2   Quant

Quant à moy, je les Caresse & les Recompence, s'ils font bien, & les Punis, s'ils font mal; car l'*Esperance* de la Recompence, & la *Crainte* du Chastiment, gouvernent le Monde, & non seulement les Hommes, mais aussi les Chevaux, qui recherchent les *Recompences*, & fuient les *Punitions*. C'est l'*Esperon* seul qni les Punist; car les Foüets, quoyque de fil d'archal, les Chambrieres, & les Nerfs de Boeuf, ne font que des pures Bagatelles, & la *Houssine* n'a guere d'autre usage qu'à servir d'Ornement; Mais de Recompencer, ou ne Recompencer pas, n'est que peu de chose, en comparaison de ce que peut faire l'*Art de monter à Cheval* : car qu'un ignorant (ce que la plus part font à ce que je puis voir) *Flatte* un Cheval, & ne le *Punisse* point, ou le *Punisse* sans le *Flatter*, ou mesme le *Punisse* & le *Flatte*, j'ose vous assurer, sans Flatter cet Escnyer, qu'il gastera vos Chevaux, quoy qu'il face, parcequ'il n'a point d'*Art.*

La

La *Reciſtance* que les Chevaux font à celuy qui
les Monte eſt une Marque de *Force*
& de *Vivacité*.

SI le Cheval s'oppoſe à ce que vous demendez
de luy, ne vous en rebutez point ; car c'eſt
un teſmognage de *Force*, de *Vivacitè*, & de *Cou-*
rage, & un Cheval qui a toutes ces Qualitez ne
peut manquer d'eſtre bien *Dreſſé*, pourveu qu'il
ſoit ſous la Diſcipline d'une Main intelligente, &
d'un ſçavant Talon.

Si le Cheval ne reciſte point, il fait voir ſa
Foibleſſe, ſon peu de *Vivacite*, & manque de
Courage, & quand la *Nature* eſt ſi defectueuſſe,
il eſt fort difficile d'y ſuppleer par l'*Art* ; Mais je
ne penſe pas d'avoir de ma vië conneu aucun
Cheval, qui ne reciſtat bien fort avant que pouvoir eſtre parfaitement *Dreſſè*, & cela fort long
temps avant que de vouloir aller franchement, &
tous-jours peu ou prou à regret, juſques à ce
qu'il ſoit tout à fait bien *Dreſſé*.

I i i   I^l

Il n'y a vrayment point de Cheval, qui ne tafche, au commencement, de fuivre fa volonté pluftoft que d'obeir à la voftre; & on ne voit point de Cheval, ni aucun autre Animal, qui ayme la *Sujection*, jufques à ce qu'il n'y ayt plus de remede, & alors ils obeiffent, & s'accouftu mant ainfi à Obeir, ils defviennent parfaitement *Dreffez*: Ils s'efforcent, autant qu'il leur eft poffi ble, à eftre en *Liberté*, & ne s'affujetiffent jamais, que quand il n'y a plus moyen de faire autrement; c'eft pourquoy leur Obeiffance ne merite point de Remerciement.

Si le plus Sage de tous les Hommes eftoit transformé en Cheval, il luy feroit impoffible, de trouver plus de fubtilitez, pour s'Oppofer à ceux qui le Monteroit, que les Chevaux font; d'ou je conclus, qu'il eft neceffaire de leur faire connoiftre que vous eftez leur Maiftre, en les faifant *Craindre*; affin que, par ce moyen là, ils vienent à Vous *Aymer*, pour l'amour d'eux mefmes: car la *Crainte* fait tout en ce Monde, comme j'ay desja dict, & l'*Amour* peu; deforte que fi vous voulez eftre Obei des Chevaux, il s'en faut faire *Craindre*.

Qu'eft

Qu'eſt ce qui fait aller les Chevaux par
ROUTINE?

IL n'y a nul doubte, que ce ſont les *Yeux*, qui
font aller les Chevaux pas *Routine*, à cauſe
dequoy je vous avertis de n'avoir que le moins
que vous pourrez, de choſes remarquables, dans
le *Manege*; c'eſt à ſçavoir, qu'il n'y ayt point de
Piliers, ſinon du Goſté de dehors, & là meſme,
rien qu'un, ſelon ma Methode, pour les *Airs*;
ce qui ne leur areſtera point la veuë en ſorte,
qu'ils ne puiſſent eſtre attentifs à la Main & à
l'Eſperon; Qu'ils ne ſoient pas non plus trop
pres de la Muraille, car ils s'amuſeroient à les regarder : Il ne faut pas auſſi les faire aller tous-
jours en un meſme Lieu, car les *Yeux* les fairont
aller là par *Routine*, au lieu qu'en changeant ſouvant de Place, ils ſeront attentifs à la Main &
au Talon; Et il n'y a que cette ſeule voye qui
les puiſſe empeſcher d'aller par *Routine*.

                    Qu'un

Qu'un Cheval de *trois Ans* est trop jeune pour le *MANEGE.*

UN Cheval de *trois Ans* est si tendre, qu'il peut aysement estre gasté, & l'*Entendement* mesme (pour ainsi parler) ne luy est pas encore venu ; desorte que manquant d'*Entendement* & de *Force*, il faut avoir la Patience d'attendre *trois Ans* davantage, affin qu'il ayt l'un & l'autre : car en l'Arrestant, & le Reculant, vous luy forcez le Dos, & le gasterez infalliblement ; c'est pourquoy je prefereray tous-jours un Cheval de six, sept, ou huict Ans, pourveu qu'il soit Sain, & ne soit pas Vicieux, à un Cheval de *trois Ans* ; car je le puis forcer sans danger, & le *Dresser* en trois Mois parfaitement.

On pourra dire, que les Poulains (comme les Enfans font) apprendront mieux ? A quoy je responds, qu'il y a bien de la difference ; car si l'on pouvoit foitter, ou battre les Hommes, comme on fait les Enfans, ils apprendroient bien plus

viste

viste qu'eux ; Mais quant aux Chevaux, on les peut Chastier & Forcer à ces Ages là, aux quels ayant *Entendement & Force*, il faut de necessité qu'ils apprenent & mieux & plus viste.

Comment on doit estre *assis* pour estre bien *à Cheval*.

AVant que de Monter à Cheval, il faut bien prendre garde que tout soit en bon ordre ; ce qui se fait en un moment, sans qu'il soit besoin de considerer trop curieussement chaque chose par le menu, pour ne pas *faire*, comme on dict, l'entendu.

Estant dans la Selle (car je suppose qu'il y en a peu qui ne sçachent comment il faut Monter) il se faut asseoir sur la *Fourcheure*, & non pas sur les *Fesses*, que la Nature semble avoir faites, pour s'y asseoir par tout ailleurs qu'à Cheval.

K k k   S'estant

S'estant ainsi placé sur la *Fourcheure*, au milieu de la Selle, il se faut avancer vers le Pommeau le plus qu'on peut, laissant quatre doigts d'espace entre le Dos & l'Arson ; Les Jambes doivent estre tendues en bas, comme si on estoit à Pied, & les Genoux & les Cuisses tournez en dedans vers la Selle, les y tenant fermes, comme s'ils y estoient collez ; car on n'a que ces deux choses, avec le contrepois du Corps, pour se tenir à Cheval : Il faut que les Pieds soient fermes sur les Estriers, & que les Talons soient un peu plus bas que la pointe du Pied, qui doit passer au dela de l'Estrier d'un demi Pouce, ou un peu davantage ; Que les Jarrets soient roides, & les Jambes fort proches du Cheval, sans le toucher, ce qui est de grand usage pour les *Aydes*, comme je vous l'enseigneray cy-apres.

Il faut tenir les Resnes de la Bride de la Main gauche, estant separées avec le Petit-Doigt, & empoignées du reste de la Main, avec le Pouce au dessus ; Il faut que le Bras soit plié, & joint au Corps, sans aucune constrainte, & la Main justement au dessus du Col du Cheval, trois Doigts

par

par deſſus, & deux au devant du Pommeau, affin
qu'il n'empeſche point que les Reſnes ne facent
leur Effet.

A la Main droite il faut avoir une *Houſſine*,
qui ſiffle en la ſecoüant, & qui ne ſoit ni ſi longue
qu'une *Ligne a Peſcher*, ni ſi courte qu'un *Poinſon*; mais pluſtoſt courte que longue, car avec
les courtes on fait de belles *Aydes*, qu'il eſt impoſſible de faire avec les longues : Il faut laiſſer
un peu du gros bout au deſous de la Main, non
ſeulement pour en careſſer le Cheval, mais auſſi
affin de la tenir tant plus ferme : Cette Main, ou
eſt la *Houſſine*, doit eſtre un peu plus avancée,
que celle de la Bride; & le Bras droit plus
laſche, que le gauche; mais pas trop eſloigné du
Corps; Il faut tenir la *Houſſine* en ſorte que la
pointe tourne un peu en dedans, & le Cavalier
doit avoir grand ſoin de pouſſer la Poitrine en
avant.

Il doit auſſi avoir l'*air* un peu gay & plaiſant,
ſans Rire; & tourner les Yeux directement entre
les deux Oreilles du Cheval, quand il va en a-
vant : Je n'entends pas, que le Cavalier ſoit à

K k k 2

Cheval

Cheval auſſi roide qu'une Statuë; mais tout au contraire je deſire, qu'il ſoit libre; & que comme les *François* veulent qu'on Dance *à la negligence*, tout de meſme je ſouhaite qu'on ſoit à Cheval *en Cavalier*, & ſans *affeſtation*; car elle fait voir qu'on eſt plus Eſcholier que Maiſtre, & il me ſemble qu'il y a quelque choſe de bien ſot & ridicule en toute ſorte d'*Affeſtation*.

L'*Aſſiete* eſt de ſi grande conſequence, que (comme vous verrez cy-apres) c'eſt la ſeule choſe qui fait bien aller un Cheval, & la bonne Maniere de s'*Aſſeoir* fait plus que toutes les autres *Aydes*; C'eſt pourquoy il ne la faut pas meſpriſer, & je diray hardiment que celuy qui n'eſt pas bel *Homme de Cheval*, ne ſera jamais *bon Homme de Cheval*.

Pour ce qui eſt des Reſnes, tant de la *Bride*, que du *Caveſſon*, je vous en ay enſegné ce qui juſques icy n'avoit jamais eſté ſçeu; Et cecy ſuffira touchant l'*Aſſiete* du Cavalier.

Les

Les *Aydes* secrettes du *Corps* du Cavalier.

IL faut estre Assis justement sur la *Fourcheure* & se tenir tous-jours de mesme, quelqu'Action que face le Cheval, & pour cet effet, il faut que la *vostre* soit tous-jours contraire à la *siene* : Par exemple, si le Cheval se leve, il faut mettre le *Corps* en avant vers luy ; car si on suivoit le mouvement du Cheval, le *Corps* iroit en arriere ; Et s'il ruë, ou leve la Croupe, il faut mettre le *Corps* en arriere, ce qui est contraire au mouvement du Cheval ; car si on le suivoit, il faudroit a-vancer le *Corps*, & estre jetté à Terre : Mais le meilleur est de se tenir Assis droit, & l'Action du Cheval vous obligera à estre sur la *Four-cheure*.

Le *Corps* du Cavalier est divisé en trois Parties, deux *Mobiles*, & une *Immobile* : L'une des *Mo-biles* est depuis la Teste jusques à la Cinture ; l'*Immobile* depuis la Cinture jusques aux Genoux,

L l l &

& l'autre Partië *Mobile* eſt depuis les Genoux
juſques aux Pieds.

Les *Aydes* du *Corps* doivent eſtre fort douces
pour toutes ſortes de Chevaux ; car d'eſtre *Aſſis*
avec force, celà eſtonne les Chevaux foibles, &
fait aller les forts à contre-temps, en les forçant
trop ; fait que les Chevaux fougueux devienent
furieux ; les Reſtifs encore plus Reſtifs ; & que
ceux qui ſont durs à la Main s'enfuyent ; & enfin cela deſplaiſt à toutes ſortes de Chevaux : Il
ne faut pas non plus eſtre *Aſſis* foiblement, mais
bien à laiſe, des *Aydes* douces eſtant les meilleures ;
car elles ſont propres à toute ſorte de Chevaux,
& plaiſent à touts.

Nouvelle & veritable *Methode* pour commencer
à *Travailler*, tant Poulains, Jeunes Chevaux, que Chevaux vieux, fur des
Cercles larges d'une Pifte.

MAintenant que vous voila à Cheval, que
vous fçavez comment vous y *Affeoir*, &
connoiffez toutes les *Aydes*, je vous veux enfeigner comment il faut parfaitement *Dreffer* les
Chevaux, ce qui fe faira en la maniere fui-
vante.

Le *Caveffon* eftant mis felon ma Methode, &
ayant les Refnes à la Main, celle de dedans tirée
avec force & en bas, du cofté de dedans de la
Volte, la Jambe du mefme cofté qu'eft la Refne,
c'eft à dire dans la *Volte*, ce qui ameine l'Efpaule de dehors du Cheval en dedans, la Main
de la Bride eftant baffe, & un peu en dehors, ou
en dedans, ainfi que vous jugerez qu'il en eft befoin : Cela donne un bon *Appuy* au Cheval, &

opere plus fur les Barres, que fur la Gourmette, bien que ce foit & fur l'un & fur l'autre.

La Croupe du Cheval eftant en dehors, & tirant en dedans l'Efpaule de dehors, le Cheval eft preffé en dedans, & eft preparé à *Galoper* large d'*une Pifte*, & à *Trotter*, pour, eftant preffé, *Affouplir* les Efpaules.

Le Cofté de dedans le met fur les Efpaules; ce qui luy donne de l'*Appuy*, & luy *Affouplift* extremement les Efpaules, qui eft la premiere chofe qu'il faut faire; car fi on n'*Affouplift* bien fort les Efpaules du Cheval, qui eft la premiere & principale affaire, & qui fe fait avec le *Caveffon* felon ma Methode, il eft impoffible de rien faire du tout.

Ne luy donnez point d'autre *Leçon* que celle-cy, jufques à ce qu'il ayt les Efpaules tres-fouples au *Trot*; car d'*Affouplir* & rendre Legier eft le Fondement de toutes chofes au *Manege*, & ne le *Galopez* jamais, qu'il ne foit fi Legier, qu'il s'offre de luy mefme à le faire : Ce *Trotter*, & *Galoper* large (comme on dict) d'*une Pifte*, quoy que le Cheval ayt la Croupe en dehors, & qu'il

s'Appuyë

s'*Appuyé* ſi fort en dedans, que vous diriez qu'il eſt preſt à tomber, il en va tant plus aſſure-ment.

Ne l'*arreſteʒ* point que rarement, & quand vous le faitez, que ce ſoit pluſtoſt petit à petit que tout d'un coup; car cela affoibliroit trop les Reins & le Dos des jeunes Chevaux; Mais s'il eſt ſur la Main, mettez voſtre Corps en arriere, affin de le mettre ſur les Hanches, & *Arreſteʒ*-le alors plus fortement; vous ſouvenant, qu'il faut que voſtre Jambe de dehors mette la ſiene en de-dans, car ſi ſa Hanche exterieure eſt en dehors, il luy eſt impoſſible de s'*Arreſter* ſur les Hanches.

Des *Cercles larges* au *Trot.*

QUand vous *Travailleʒ* un Cheval au *Trot* ſur des *Cercles larges d'une Piſte*, ayant le *Caveſſon* à la Main, ſelon ma Methode, & la Jambe & la Reſne en dedans, ſur des *Cercles*

M m m

larges

larges, ou *estroits*, d'*une Piste*; pour sçavoir comme il faut que les Jambes aillent au *Trot*, ou elles se croisent, il faut observer ce qui suit.

La Jambe de derriere dans la *Volte*, & celle de devant en dehors, s'essevent ensemble tout d'un temps; & la Jambe de derriere dans la *Volte*, estant mise à Terre, est un peu au delà de la Jambe exterieure de derriere, & un peu plus avancée, & la Jambe de devant, qui est hors de la *Volte*, est en mesme temps mise à Terre, un peu plus avancée que la Jambe interieure de devant, & vont toutes deux en rond : Quand le Cheval change les Jambes, en les croisant, la Jambe exterieure de derriere est alors mise devant l'interieure de derriere, & l'interieure de devant devant l'exterieure de devant, & au delà, les deux alant en rond.

La Jambe interieure de derriere ainsi possée a Terre, courbe de necessité, & *Assoublist* les Espaules, & se servant de la Resne de dedans du *Cavesson*, comme j'ay desia dict, il faut de necessité que la Jambe de dedans pousse la Croupe en dehors, & *Assouplisse* les Espaules; & par ce

moyen,

moyen, le Cheval eſt extremement courbé & *Aſ-ſouply*, & ne peut jamais eſtre *Entier*, & les Jambes vont tous-jours exactement bien, qui eſt une auſſi excellente *Leçon* qni puiſſe eſtre.

Du *Galop* ſur les *Cercles d'une Piſte*.

POur *Travailler* les Chevaux *d'une Piſte*, ſur des *Cercles* larges, ou eſtroits, ayant la Reſne du *Caveſſon* à la Main, la Jambe & la Reſne eſtant en dedans, & la Reſne de dehors de la *Bride* de meſme, s'il en eſt beſoin, pour *Aſſouplir* les Eſpaules, en tirant, avec force, la Reſne de dedans, pour mettre en dedans l'Eſpaule de dehors, au *Galop* ; Je m'en vay vous dire comment vont les Jambes ; car l'Action du *Galop* eſt tout autre choſe que celle du *Trot* ; dautant que le *Trot* eſt croiſé, & le *Galop* a les deux Jambes d'un coſté, qui conduiſent tous-jours dans la *Volte*, & les quatre Jambes font quatre diſtincts Temps, comme je l'ay deſia fait voir.   M m m 2   La

La Jambe donc de devant conduit en rond dans la *Volte* & eſt poſée à Terre avant, & au delà, de l'autre Jambe de devant, & celle de derriere ſuit dans la *Volte*, mais eſt à Terre un peu plus toſt que l'exterieure de derriere, & tant ſoit peu au delà ; ce qui *Aſſoupliſt* les Eſpaules ; & les Parties de derriere, eſtant ainſi miſes en dehors, font que le Cheval *Galope* comme il faut, & il n'y a rien de meilleur.

Cette *Leçon* eſt excellente, & eſt le Fonde-ment de tout ce qui ſe fait au *Manege* : En *Trot-tant* & *Galopant* ainſi, les Parties de devant du Cheval viennent vers le Centre, & les Parties de derriere s'en eſloignent, les Eſpaules eſtant plus preſſées que la Croupe : mais eſtant ainſi preſſé, & ayant les Eſpaules ſouples, il eſt aiſé, apres ce-la, de *Travailler* la Croupe.

En ces *Leçons* le Cheval eſt preſſé, & s'appuyë bien fort au dedans de la *Volte*, qui eſt une choſe tres-rare pour *Aſſouplir* les Eſpaules ; De le Pro-mener ainſi, & de l'Arreſter avec la Jambe de dehors, eſt auſſi fort excellent.

Un'

Un' autre *Leçon* excellente pour *Aſſouplir* les Eſpaules des Chevaux.

Allez (comme ſi la Teſte du Cheval eſtoit au
Pilier, bien qu'il n'y en ayt point) à Main
gauche, & tirez la Reſne de dedans du *Caveſſon*
avec force, & vous trouverez, que quoy qu'il
aille à Gauche, les Eſpaules ſont *aſſouplies* pour
la Droite : Aprez cela, Allez à Main droite, &
tirez bien fort vers vous la Reſne de dedans du
Caveſſon, & quoy qu'il aille à Droite, les Eſpaules ſont *aſſouplies* pour la Gauche.

Cette *Leçon* eſt excellente pour *Aſſouplir* les
Eſpanles des Chevaux, qui feront, par ce
moyen là, empeſchez de jamais deſvenir *Entiers.*

*Un' autre Leçon pour Assouplir les Espaules des
Chevaux sur les Cercles larges.*

Sur les *Cercles larges* la *Croupe en dehors*, il faut
ajoufter, pour un temps, aux *Aydes* du Caveſſon, de la Bride, des Reſnes, des Jambes, &
du Corps, dont j'ay deſia parlé, ce qui s'enſuit,
juſques á ce que le Cheval y ſoit accouſtumé.

Je deſire que vous le *Trotiez*, ſans l'arreſter,
& que vous le faciez aller du *Trot* au *Petit-Galop* tout doucement, & du *Galop* au *Trot* derechef; Quoy que ce ſoit tous-jours ſur la meſme
Main, changez-le du *Trot* au *Galop*, & du *Galop* au *Trot*, juſques á ce que vous jugiez que
c'eſt aſſez; & aprez celá arreſtez-le, ſur le *Trot*, ou
ſur le *Galop*, comme il vous plairra : C'eſt un'excellente *Leçon*, non ſeulement pour *Aſſouplir* les
Eſpaules; [mais auſſi pour rendre le Cheval attentif,
& luy faire Obeir la volontè du Cavalier, n'ayant
aucune continuelle Regle, qui le puiſſe fixer, & le
faire aller par *Routine*, ſoit en *Trottant*, ou en
Galopant;

Galopant ; car il Obeit au Cavalier, ſelon les *Aydes*, ou les *Commendemens* qu'il luy donne, & ne ſçachant pas quand c'eſt, il faut neceſſairement qu'il Obeiſſe à la Main, & aux Talons ; Et ainſi l'Arreſtant quelquefois ſur le *Trot*, & quelque fois ſur le *Galop*, ne ſçachant pas quand ce ſera, ni en quel lieu, luy fait tous-jours Obeir la Main & les Talons du Cavalier ; c'eſt pourquoy il n'y a point de meilleure *Leçon* au Monde, & je ne puis que vous conſeiller de vous en ſervir ; car noſtre but eſt de faire que les Chevaux Obeiſſent à la Main, & aux Talons, qui eſt ce que cette *Leçon* fait parfaitement.

Si le Cheval retient ſes *Forces*, *Galopez*-le viſte, puis doucement, & viſte encore, ſelon que l'occaſion le requiert : le *Galoper*, tantoſt viſte, & tantoſt doucement (le Cheval ne ſçachant point quand il doit faire l'un ou l'autre) luy fait Obeir la Main & les Talons, qui eſt tout ce à quoy nous butons, & la Quinteſſence du *Manege*.

Apres avoir bien *Aſſoupli* les Eſpanles du Cheval, & que vous le trouverez peſant à la Main,

N n n 2

n'eſtant

n'eſtant pas ſur les Hanches, *Trotez*-le au large d'*une Piſte*, & l'*Arreſtez* ſouvant, & aſſez rude-ment, de la Jambe de dehors, & *Abaiſſez*-le, te-nant voſtre Corps en arriere, & celà lors qu'il y y penſe le moins ; mais s'il ſe vouloit *Arreſter* de luy meſme, Pouſez le en avant, & l'*Arreſtez* lors qu'il n'y penſe pas ; & au *Galop* il faut faire la meſme choſe ; L'*Arreſtant* ſouvant, & avec force, & le *Reculant* par fois, vous verrez qu'il eſt bien fort ſur les Hanches ; Cette *Leçon* eſt excellente, tant pour le bien mettre à la Main, que pour le mettre ſur les Hanches ; mais il ne la faut pas trop continuer, parce qu'elle peut faire mal au Dos du Cheval, & luy fait avoir peur d'*Aller* en avant ; ce qui le pourroit faire deſvenir *Retif*, & luy cauſer pluſieurs autres inconvenients, qu'il faut que voſtre Jugement previene : Quand Vous l'*Arreſtez*, comme je viens de dire, il vous le faut *Arreſter* au grand *Pas*, auſſi bien qu'au *Trot*, & au *Galop*.

Toutes ces *Laçons* ne ſervent qu'à *Aſſouplir* les Eſpaules des Chevaux, & juſques à ce qu'elles ſoit bien *Souples*, & que le Cheval ſoit ferme á la

Main,

Main, il ne se faut point servir d'aucune autre.
Elles sont tres-excellentes pour celà, & pour faire
que le Cheval regarde dans la *Volte*, qu'il *Trote*,
Galope, & aye les Jambes, la Teste, le Col, &
tout le Corps, justement comme il faut: Et de
plus, si vous faitez exactement ce que je viens
d'ensegner, il ne sera jamais *Entier*, ce que les
Italiens appellent *Credenza*, & est le pire de tous
les Vices qu'un Cheval puisse avoir, & le plus
dangereux: Ce sont là les Effets de ces *Leçons*,
avec le *Cavesson* a ma mode.

Servez vous constemment de ces *Leçons*, jusques à ce que le Cheval soit extremement *Souple*
aux Espaules, comme je viens de dire; car c'est
la premiere & principale chose qu'il faut faire,
pour *Dresser* les Chevaux, qui ne font rien que
par *coustume* & *habitude*, leur Mesmoire estant
fortifiée par de frequentes *repetitions*, & par des
bonnes & methodiques *Leçons*, comme il arrive
aussi aux Hommes, en toutes choses, tant bonnes que mauvaises; C'est pourquoy vous aurez
beaucoup de satisfaction, & recevrez de grands
avantages, à reïter ces excellentes *Leçons*, & seu-

O o o

venez

venez vous que j'opere plus sur l'*Entendement* du *Cheval*, que je ne peine son Corps : car je vous assure, qu'il a de l'*Imagination*, de la *Mesmoire*, & du *Jugement*, quoyque les Sçavants puissent dire au contraire; & mes Chevaux vont si bien comme ils font, parceque j'opere *par Art* sur ces trois *Facultez*.

Je finis icy toutes les *Leçons*, qui servent à *Assouplir* les Espaules des Chevaux, lesquelles estant bien executées, je vous assure, que c'est plus de la moitié de la besogne faite, pour bien *Dresser*, & rendre les Chevaux parfaits ; Et l'autre moitié, que est la plus aisée, est à les rendre sensibles aux Esperons, de la quelle je parleray, apres avoir descrit, en cet endroit, certaines *Maximes*, que je vous prie de remarquer, & de vous en bien souvenir.

Il n'y a point de moyen plus certain, pour *Unir* les Forces des Chevaux ; pour *Assurer*, & *Affermir* leur Teste, & les Espaules; pour les rendre *Legiers* à la Main ; & les rendre capables de *Justece*, & *Fermeté*, en toute sorte d'*Airs*, & de *Maneges*, ce qui depend absolument de la parfection

fection de les bien *Arreſter*, comme je vous ay
deſja dict, mais il les faut pluſtoſt *Aſſouplir* ſur
le *Trot*.

De faire *Reculer* les Chevaux eſt un fort bon
Remede pour les mettre ſur les Hanches; pour
leur *Ajuſter* les Pieds de derriere; pour les *Affermir* à la Main; pour les rendre Legiers du devant; & les *Arreſter* legierement, & en juſte proportion.

Ne *Galopez* jamais aucun Cheval, qu'il ne ſoit
ſi *Legier* au *Trot*, que, de ſon propre mouvement, il ne ſe mette à *Galoper*; car l'Excercice
du *Trot* eſt le premier, & le plus neceſſaire Fondement pour les rendre *Legiers*, *Adroits*, & *Obeiſſants*, & parfaits en toute ſorte de *Manege*.

La Propriete du *Galop* eſt de donner un bon
Appuy, & d'*Affermir* la Teſte; & ſi les Chevaux
ont trop de fougue, & de feu, le *petit-Galop* les
Adoucira, & leur faira avoir Patience : & s'ils
pouſſent trop vers le Dos, celà le previendra;
pourveu que tout celà ſe face ſur des *Cercles larges*; Celà tempere la *Vivacité*, donne *Haleine*,
oſte le *Apprehenſions* trop violentes, & divertit

O o o 2 les

les meschants deseins qu'ont les Rosses ; empesche d'estre *Retif,* & d'avoir le Coeur double ; &
enfin cela *Assouplit* tous les Membres.

Remarques tres-necessaires *pour achever* tout ce
qu'il faut faire aux *Espaules* des Chevaux.

APres vous avoir monstré ce que vous devez
faire, pour *Assouplir* les Espaules des Chevaux, avec la Resne du Cavesson en la Main,
sans estre attachée au Pommeau, qui est plus de la
moitié de l'Oeuvre ; Je vous veux monstrer l'autre Partië, qui est de leur faire Obeïr les Talons,
& *Travailler* les Espaules & la Croupe ensemble,
ayant tous jours la Resne du *Cavesson* en la Main,
sans estre attachée au Pommeau.

C'est avec la Resne de dedans, & la Jambe de
dehors, qu'on *Travaille* la Croupe & les Espaules à la fois, ayant la Resne de dedans du *Cavesson* en la Main, tirée du costé de dedans de

la

la *Volte*, affin d'amener en dedans l'Espaule de
dehors, & presser le Cheval du costé de dedans
de la *Volte*, en sorte que les Jambes, qui sont
hors de la *Volte*, soient libres, & puissent passer
par dessus celles de dedans, ce que nous appellons
Passager, ou *Encaualare la Croupe en dedans* : Ce
Passager, encor qu'il ayt, avec les Jambes, l'Action
du *Trot*, il n'est pourtant pas si violent, mais
bien plus que le grand *Pas*, & c'est là la meilleure
Action, pour enseigner tout ce qui apartient au
Trot court, & ramassé.

La premiere *Leçon* donc qu'il faut donner sur
cette Action est de mettre la Teste du Cheval à
la Muraille, en tirant la Resne de dedans du *Ca-*
vesson vers vous du costé de dedans, & aydant,
en mesme temps, de la Jambe de dehors, le Cheval allant en *Biais*, les Espaules devant la Croupe;
ce qui le rend estroit de derriere, & le met sur
les Hanches, parce qu'il a l'Action du *Trot*, les
Jambes estant croisées.

S'il n'Obeit pas au Talon, donnez luy de l'Esperon tout doucement de ce costé là : Quand le
Cheval va ainsi, il est alors pressé au dedans de

                la

la *Volte* ; fi c'eſt à Main droite, il ne faut que
changer la Main de la *Bride* à la Main droite,
& la Reſne gauche du *Caveſſon* à la Main gauche,
la tirant, du coſté de dedans, avec force, vers
vous, & voſtre Jambe en dehors ; Et faites luy
en faire autant de la Main gauche, la Jambe &
la Reſne eſtant contraires ; que s'il n'Obeit point
au Talon, donnez luy de l'Eſperon avec la Jambe de dehors, & continuez cette *Leçon* juſques à
ce qu'il Obeiſſe aux Talons : Vous le
pouvez faire aller en *Biais*, en pleine Campagne,
de la meſme façon, & avec les meſmes *Aydes*.

Des *Voltes* au *Paſſager*.

QVand le Cheval Obeit parfaitement au Talon, en cette *Leçon* du *Biais* au *Paſſager*,
mettez-le alors ſur les *Voltes*, ou *Circles*, au *Paſſager*, tirant à vous, avec force, la Reſne de
dedans du *Caveſſon*, du coſté de dedans du Col,

pour

pour luy amener en dedans l'Eſpaule de dehors, voſtre Jambe eſtant tout au contraire de la Reſ-ne, & le Col extremement courbé ; Que s'il n'O-beït point au Talon, donnez luy de l'Eſperon avec la Jambe de dehors ; & faitez en apres au-tant de l'autre Main : Et lors qu'il ſera fort Obe-iſſant au *Paſſager*, un peu au large, la Croupe en dedans, vous trouverez que celà le met ſur les Hanches, parce qu'il a la Croupe en dedans, & qu'il a auſſi l'Action du *Trot*, & plus le *Cer-cle* eſt petit, tant plus eſt le Cheval preſſé, & par conſequent ſur les Hanches.

Eſtant tres-Obeiſſant à la Main, & aux Ta-lons, ſur des *Cercles* un peu larges, faites-le aller au *Paſſager*, un peu davantage que de ſa lon-gueur, & s'il Obeit alors à la Main & aux Ta-lons, mettez-le à toutes Mains, & il n'eſt pas fort loin d'eſtre *Cheval Dreſſé* : car ſi le Cheval Obeit à la Main & aux Talons au *Paſſager*, qui eſt un Mouvement doux, & par conſequent plus propre à enſeigner les Chevaux ; parce qu'il les rend *Patients*, & leur fortifie la *Memoire* ; Si le Cheval, dis-je, Obeit, en cette Action, qui

P p p 2　　　　eſt

est la Quinteſſence de l'*Art à Dreſſer les Chevaux*, on luy peut faire faire tout autant de choſes qu'il a de la *Force* á executer.

Quand le Cheval a parfaitement appriſes les Leçons cy-deſſus enſeignées, mettez-le alors ſur les *Voltes*, la Croupe en dedans, au *Petit-Galop*; Et pour cet effet, il faut tirer la Reſne de dedans du *Caveſſon*, avec force, vers vous, du coſtè de dedans du Col, & l'*Ayder* de la Jambe de dehors, s'appuyant davantage ſur l'Eſtrier de dehors, que ſur celuy de dedans, luy Pliant le Col extremement, affin qu'il ſoit preſſè du coſtè de dehors de la *Volte*, ce qui eſt fort propre pour le *Petit-Galop*, la Croupe en dedans ; & l'*Aydant* de la Voix, il ira des auſſi toſt parfaitement bien, à quoy ſi vous ajouſtez de bons *Arreſts*, il n'eſt pas loin d'eſtre entierement *bien-Dreſſè* : Il n'y a icy aucune difference entre le *Petit-Galop* & *Terre à Terre*.

Des que le Cheval Obeit a toutes ces *Leçons*, c'eſt à dire qu'il eſt Obeiſſant à la Main & aux Talons, il faut luy enſeigner à *avancer*, qui eſt de s'*eſlever* en avant, ſans quoy aucun Cheval ne

peut

peut eſtre *Dreſſé* : Vous pouvez faire celà en
Parant, ou l'*Arreſtant* à la Main, ſur des *Cercles*
larges, & l'*Aydant* de la *Voix*, des *Jambes*, & de
la *Houſſine*, ſelon le beſoin ; apres quoy il le faut
Pouſſer en avant, & l'*eſlever* encore derechef : Mais
s'il *s'eſleve* de luy meſme, *Pouſſez*-le en avant, &
ne ſouffrez point qu'il *s'eſleve* que quand vous le
voulez, & il Obeïra, ſans doubte, bien toſt.

Lors qu'il s'eſleve en perfection, ſelon que vous
le deſirez, ſur des *Cercles* larges, mettez-luy la
Croupe en dedans aux *Voltes*, & *eſlevez*-le ainſi ;
Apres celà, que la Main le ſente, & *arreſtez*-le
un peu eſtant *eſlevé* ; ce qui le mettra à la Main,
& ſur les Hanches.

La Raiſon pourquoy je ne voulois pas, que
vous le *levaſſiez* auparavant, eſtoit, parceque
celà luy mettroit la Bouche en deſordre, & le
mettroit hors du commendement de la Main, &
le rendroit *Reſtif* ; car il y a beaucoup de Chevaux *Reſtifs* qui *s'eſlevent*, parce qu'ils ne veulent
pas aller *en avant*, ni ſe *tourner*, & il eſt impoſſible de les *eſlever*, juſques á ce qu'ils Obeïſſent á
la Main, & fuient l'Eſperon:

Je defire que vous commenciez tous-jours fur des *Cercles larges*, la Croupe en dehors, laquelle vous mettrez apres en dedans, & finirez ainfi.

Ayant parfaitement bien enfeigné les *Leçons* cy-deffus defcrites, je voudrois qu'ayant attaché la Refne de dedans du *Cavefon* ferme au Pomme-au, il vous plaife de *Travailler* le Cheval fur ces mefmes *Leçons*, avec la Refne, & la Jambe de dedans, comme auffi avec la Refne, & la Croupe en dehors : Sur des *Cercles larges*, la Croupe en dedans, & la Refne de dedans du *Cavefon* atta-chée au Pommeau, il faut *Ayder* avec la Refne de dehors de la *Bride*, pour preffer le Cheval du cofté de dedans de la *Volte*, au *Paffager* : Mais fi vous *l'eflevez* en *Pefates*, il fe faut alors fervir de la Refne de dedans ; celle de dedans du *Cavefon* eftant attachée au Pommeau, qui Opere le plus fur le Mords, n'ayant autre chofe en la Main.

Pour *Ayder* de la Bride feule, fur des *Cercles larges*, la Croupe en dehors, fervez vous de la Refne & de la Jambe de dedans ; ou de la Ref-ne de dehors & de la Jambe de dedans, fi les Ef-

paules

ſpaules ne viennent pas aſſez en dedans; mais au *Paſſager*, avec la Bride ſeule, de la Reſne de dedans & de la Jambe de dehors, pour les Raiſons cy-devant dictes.

C'eſt une *Leçon* excellente de *Galoper* droit en avant, *Arreſter*, & *Lever*, avec le Mords ſeul, & apres *Tourner*, en *Aydant* avec la Reſne de dehors; ce qui prepare le Cheval pour les *Peſates*, dont nous parlerons cy-apres.

Il y a auſſi une excellente Leçon, la Reſne de dedans eſtant attachée au Pommeau, qui eſt de *Galoper d'une Piſte* ſur un *Cercle eſtroit*, & cela en quatre *Cercles*, pouſſant le Cheval en avant à la fin de chaqu'un pour luy faire prendre l'autre : Il faut faire la meſme choſe ſur chaque *Cercle*, la Croupe en dedans, au *Petit-Galop*, ou au *Terre à Terre*, le pouſſant en avant pour luy faire prendre le prochain *Cercle* ; Vous pouvez reïterer ces quatre *Cercles* auſſi long temps que vous le jugerez à propos, & celà rendra le Cheval attentif à la Main, & au Talon, & luy faira Obeïr l'un & l'autre.

La

La Refne de dehors met le Cheval en dedans, & l'Abaiſſe, ce qui le met, par conſequent, ſur les Eſpaules.

Il ſe faut former june Methode à bien Repeter, & ſouvant, toutes ces excellentes *Leçons*, l'une apres l'autre ; car ſans celà il eſt impoſſible de jamais faire bien aller aucun Cheval *Terre à Terre*.

·Remarques tres-neceſſaries.

IL arrive naturellement à tous les Chevaux, que quand les Eſpaules entrent, la Croupe ſort, & que ſi on fait trop entrer la Croupe, les Eſpaules ſortent : Par exemple, Sur des *Cercles larges*, les Eſpaules du Cheval entrent, & la Croupe ſort ; Et quand il a la Teſte, comme ſi elle eſtoit au Pilier, (la Jambe & la Refne du meſme coſté) les Eſpaules entrent, & la Croupe ſort : Au vray *Terre à Terre* les Eſpaules allant

devant,

devant, la Croupe s'eſlogne du *Centre*, ce qui la fait eſtre un peu en dehors, quoy qu'elle paroiſſe eſtre en dedans.

Mais, direz vous, au *Paſſager* la Croupe eſt en dedans ? Je reponds, que c'eſt une Action differente du *Galop*, & de *Terre à Terre* ; car le Cheval fait alors l'Action du *Trot*, qui eſt en *croix*, & il peut mieux ſouffrir d'eſtre Preſſé dans la *Volte*, & avoir les Jambes en liberté hors la *Volte* ; mais pourtant ſi les Eſpaules vont avant la Croupe, & il eſt en *Biais* (comme il doit eſtre, eu eſgard auxEſpaules)il a la Croupe un peu en dehors.

Quant au *Petit-Galop*, ou au *Terre à Terre*, s'il a la Croupe en dedans, & vous luy mettez en dedans l'Eſpaule de dehors, en meſme-temps; celà ſe fait avec force, & contre Nature, deſorte qu'il va les Jambes *croiſées*, & ne ſçauroit faire autrement, eſtant Preſſé en dedans : Il eſt bien vray, que celà met le Cheval ſur la Main, & par conſequent ſur les Eſpaules, & luy donne un *Appuy*, ce que toutes les *Leçons* precedentes font, & il n'en eſt pas beſoin, la Croupe eſtant en dedans ; & deplus, celà eſt faux.

R r r   Au

Au *Terre à Terre* il faut que le Cheval soit Pressé en dehors, affin d'avoir les Jambes libres en dedans, pour conduire, & on appelle celà le *Petit-Galop*, si la Croupe est en dedans, quoy que c'est veritablement le *Petit-Terre à Terre*; car estant Pressé en dedans, ayant la Croupe en dedans, il luy est difficile d'Aller, parcequ'il est constraint, & comme s'il estoit lié; Et de mettre l'Espaule de dehors, & la Croupe, en dedans, en mesme temps, est contre Nature.

De Presser le Cheval en dedans, & Aller en dedans, la Croupe en dedans, c'est Presser beaucoup, & à faux; car la verité est, qu'il est Pressé pour l'autre costé, & qu'il Regarderoit hors de la *Volte*, si la Resne de dedans du *Cavesson* ne luy tenoit la Teste en dedans; Il est pourtant sur les Espaules, & ses Jambes vont en *croix*, c'est à dire, que la Jambe de dedans conduit, & l'exterieure de derriere la suit, & continue ainsi; ce qui est faux, & la Croupe fort en dehors : Si la Croupe va avant les Espaules les Jambes de derriere s'essargissent, & n'estant par sur les Hanches, il est, par consequent, sur les Espaules, ce qui

qui eft faux, & il va en *croifant* les Jambes ; c'eft à
dire, que la Jambe de dedans conduit, & l'exterieure de derriere fuit, & continue de mefme.

A la *Pirouette* la Croupe va un peu en dehors, quoy que prefque en une place, & il faut
donc quil foit Preffé dans la *Volte*, mais il va fur
les Efpaules.

Aux *Demi-Voltes*, fur les *Pefates*, qui n'eft
que la moitié du *Terre à Terre*, il faut que le
Cheval foit Preffé en dehors de la *Volte*, parceque c'eft *Terre à Terre* ; mais il a la Croupe un
peu en dedans, & eft fur les Hanches.

R r r 2

Pour

Pour *Travailler* un Cheval au *Paſſager*, ayant la Teſte à la *Muraille*, au eſtant ſur des *Cercles*; le *Caveſſon* à la Main, ou attaché au Pommeau; les Reſnes de la *Bride* ſeparées es deux Mains, ou la *Bride* en la Main gauche ſeulement.

AU *Paſſager*, tenant le *Caveſſon* à la Main, tirez la Reſne de dedans du *Caveſſon*, avec force, en dedans de la *Volte*, pour mettre l'Eſpaulé de dehors du Cheval en dedans, & le Preſſer du coſtè de dedans, affin que les Jambes de dehors ſoient en Libertè, de paſſer par deſſus les Jambes de dedans; Il faut auſſi *Ayder* de la Jambe de dehors (la Jambe & la Reſne eſtant contraires) & laiſſer le Cheval Aller en *Biais*.

Au *Paſſager*, il y a encore, un autre maniere, tenant les Reſnes du *Caveſſon* à la Main, & c'eſt de Tirer la Reſne de dedans du *Caveſſon*, en *croiſant*, mais pas trop haut, ſur le Col du Cheval, voſtre Poignet eſtant vers le Col, & *Ayder*

de

de la Jambe de dehors, & de la Reſne contraire;
Il faut auſſi que vous courbiez veſtre Corps en
ſorte qu'il ſoit comme Vouté dans la *Volte*, ce
qui Preſſera le Cheval hors de la *Volte*, & donnera Liberté aux Jambes qui ſont dans la *Volte*,
de paſſer par deſſus (mais pas tout à fait tant)
les Jambes de dedans, & laiſſera le Cheval Aller
en *Biais* : Remarquez, en paſſant, que cette Ligne
oblique, avec la Reſne de dedans du *Caveſſon*, ſi
vous Preſſez le Cheval du coſté de dehors, le
faira merveilleuſſement bien aller *Terre à Terre*.

Au *Paſſager*, la Reſne de dedans du *Caveſſon*
attachèe au Pommeau (n'ayant rien à la Main
que la *Bride)* vous pouvez, ſans aucun danger,
vous ſetvir de la Reſne de dehors de la *Bride* ;
parceque le Cheval ne peut Regarder en dehors,
& celà à cauſe que la Reſne de dedans du *Ca-
veſson*, attachèe au Pommeau, Tire ſi fort la
Teſte du Cheval, que la Reſne de dehors le
Preſſe en dedans, ce qui eſt (comme je vous ay
diét) propre pour *Paſſager* : Si vous Preſſez le
Cheval du coſtè de dehors, encoreque la Reſne
ſoit attachèe au Pommeau, il ira *Terre à Terre*

S ſ ſ à

à merveilles, pourveu qu'il *Aille en Biais.*

Au *Paſſager,* les Reſnes ſeparées es deux Mains, il faut *Ayder* de la Reſne de dedans, pour le faire Regarder dans la *Volte,* & de celle de dehors, pour luy mettre en dedans l'Eſpaule de dehors ; & le Preſſer dans la *Volte* ; pour les Raiſons que je viens de vous dire ; Mais ſi vous le Preſſez du coſté de dehors, avec la Reſne de dedans, il ira parfaitement bien *Terre à Terre.*

Vous avez là toutes les manieres de *Travailler* un Cheval au *Paſſager,* à quoy j'inſiſte davantage, parceque c'eſt la Quinteſſence du *Manege,* & comme l'Elixir de l'*Art de monter à Cheval* ; car eſtant tout à fait Obeiſſant au *Paſſager,* & ne refuſant rien à la Main, ni aux Talons, il ira *Terre à Terre,* & toutes ſortes d'*Airs* tres-parfaitement, ou quelle autre choſe que ce ſoit, ſelon ſes *Forces :* c'eſt pourquoy *Paſſager* doit eſtre eſtimé par deſſus tout ce qui apartient au *Manege :* Et eſt admirable, pour Eſlever la Teſte du Cheval en *Peſates,* la Croupe en dedans, ou d'*une Piſte,* ou en *Biais,* ou lors qu'il a la Teſte à la *Muraille ;* ou pour le Tirer en arriere en

l'Eſlevant,

l'Eſlevant, Et ce ſont des choſes ſi excellentes, qu'elles ne manquent jamais à bien *Dreſſer* les Chevaux, ſi on s'en ſert comme il faut.

Regle Ceneralle.

QUelques Parties du Corps que ſe ſoient qui conduiſent, ſoit elles celles de devant, ou celles de derriere, celles qui conduiſent tendent au *Centre*, & les autres s'en eſlognent : car c'eſt une Regle generale & tres-veritable, que quel que ſoit le plus grand *Cercle*, devant ou derriere, il eſt le plus *Travaillé*; parce qu'il va ſur plus de Terrain, & eſt en Liberté, ſoit qu'il tende au *Centre*, ou s'en eſlogne; & le moindre *Cercle* eſt aſſujeti & preſſé : Car le Cheval ayant la Teſte au Pilier (le Pilier eſtant du coſté de dehors de la Teſte) les Parties de devant conduiſſent, & par conſequent tendent au *Centre*, & celles de der⁻ riere s'en eſlognent; neanmoins les Parties de

S ſſ 2   derri-

derriere font plus *Travaillées*, parceque c'eft le plus grand Cercle, & pour confequent les Parties de devant font plus affujeties, & il va ainfi fur les Efpaules ; Tout de mefme, la Croupe du Cheval eftant au Pilier (le Pilier eftant du cofté de dedans de la Croupe) la Croupe en dedans, les Parties de devant conduifent, & par confequent tendent au *Centre*, & la Croupe s'en eflogne ; mais les Parties de devant font plus *Travaillées*, parceque c'eft le *Cercle* le plus large, & les Parties de derriere font plus affujeties, & preffées, dautant que ce *Cercle* eft le plus eftroit ; Il en eft de mefme eftant fur les Hanches, & auffi allant de fa Longueur ; & au *Paffager* il paffe fes Jambes les unes par deffus les autres chaque fecond temps feulement, parcequ'elles font croifées, & en l'Action du *Trot*.

Autres

Autres *Remarques*.

SI le Cheval va trop en avant, il le faut faire
Reculer; s'il Recule, il le faut faire Avancer ;
s'il va de costé à Main droite, mettez-le de costè
à Gauche ; & s'il va de costé à Gauche, mettez-
le de costé à Droite : S'il met la Croupe en dehors, mettez-la en dedans, & s'il la met en dedans mettez-la luy en dehors : S'il va sur les Espaules, Arrestez-le, & le faitez Reculer; S'il va
sur les Hanches, continuez l'y ; S'il se Leve contre vostre velonté, tenez-le en bas : Tout cecy
se fait au *grand Pas* ; car, par ce moyen, il sera
attentif à la Main, & au Talon, suivra vostre
Volonté, & laissera la siene, en quoy conciste
l'Obeissence qu'on desire ; Et cette excellente
Leçon ne peut manquer de le rendre *parfait*.

Ne mettez jamais aucun Cheval sur aucun *Air*,
& ne le Pressez point beaucoup, jusques à ce que
vous le trouviez sensible & Obeissant à la Main,
& au Talon, & extremement Souple : Mais il

T t t   se

ſe faut bien garder de trop Preſſer, ou Arreſter trop rudement, les jeunes Chevaux, depeur de leur donner de telles *Entorſes* au Dos, qu'ils n'en gueriront jamais.

Mettez la Teſte du Cheval au Pilier (ou à un *Centre* imaginaire) la Teſte en dehors du Pilier; & mettez la Croupe au Pilier, le Pilier du coſté de dedans de la Croupe; Et, par ce moyen, il ne ſera jamais *Entier*.

Je ne *Travaille* jamais la Teſte du Cheval au Pilier, (la Jambe & la Reſne eſtant contraires) parceque la Jambe interieure de derriere va ſi fort devant les Eſpaules, que cela eſt faux; mais je le fay tous-jours, ayant la Jambe & la Reſne du meſme coſté, comme je vous l'ay monſtré au paravant.

De *Travailler* aucun Cheval ſur des *Quartiers* eſt entierement inutile; car cela le confond plus qu'un *Cercle* entier; mais on le peut faire, quelquefois, fort à propos, en *Demi-Voltes*, ou *Demi-Tours*.

De mettre le Cheval en *Biais*, tantoſt à une Main, & puis le Pouſſer en avant; tantoſt à l'autre,

tre, & puis le *Pousser* de mesme en avant; & reïterer celà de Main en Main, & en avant, luy fait *Obeïr* la Main & le Talon, & est une excellente *Leçon*; Mais dautant qu'il est mis en *Biais*, il faut que les Parties de devant aillent tous-jours avant celles de derriere.

Il n'y a point de *Leçon* qui puisse estre comparée au *Passager la Croupe en dedans*, pour faire que le Cheval *Obeïsse* à la Main, & au Talon, en l'*Eslevant* en *Pesates*, & puis encore au *Passager*, ce qu'il faut repeter plusieurs fois; mais si vous trouvez qu'il n'est point sur les Hanches, faitez-le aller au *grand Pas*, & le *Trotez* sur des *Cercles* larges; Arrestez-le, avec force, & le *Levez*: Toutes ces *Leçons* se font au *grand Pas*, & *Passager*, d'ou vous pouvez voir que le *grand Pas*, & *Passager* sont des moyens tres-rares pour bien *Dresser* toutes sortes de Chevaux, & en perfection.

Des qu'un Cheval est parfaitement *Dressé*, il ne le faut plus faire Aller qu'une seule fois, par Sepmaine; mais bien le *Travailler*, chaque jour, au *Trot*, *Galop*, & *Passager*, l'*Eslevant*, & le *Tournant*: De cette façon, & avec le *Cavesson*,

T t t 2

il

il ira admirablement quelqu' *Air* que ce foit, &
le *Terre à Terre* : Je dis, qu'il faut *Ajufter* ainfi
un Cheval, parcequ'ayant quatre Jambes, il reffem-
ble à un *Inftrument* de quatre Cordes, lequel
n'eftant point *Accordé*, il eft impoffible que le
Muficien s'en ferve pour y jöuer aucune *Leçon*,
pour chetive qu'elle foit; & il en eft de mefme
des Jambes du Cheval qu'il faut bien *Accorder*,
avant qu'il puiffe *Dancer*, comme il faut, au
Manege : Et pour continuer ma comparaifon ;
Si vous jöuez long temps fur un mefme *Inftru-*
ment, quoy que tres-bien *Accordé* au commencement, il fera bien toft hors de ton ; Et la mefme chofe arrivera à un Cheval bien *Dreffé*, qui
fe detraquera fans doubte, fi l'on n'a foin de
l'*Ajufter* fouvant, de la maniere que je viens d'enfeigner.

La vraye & exacte *Methode* du *Terre à Terre*.

D'Aller sur un *Quarré*, au *Terre à Terre*, est une bonne *Methode*, mais n'est pas la meilleure ; car elle constraint si fort le Cheval, qu'il ne peut Aller avec liberté, & est en grand danger que la Jambe interieure de derriere n'aille avant les Espaules, ce qui seroit extremement faux, & c'est pour celà, que la vraye, aisée, & meilleure *Methode* est celle qui suit.

Il se faut *Asseoir* droit dans la Selle, & tellement Appuyé sur l'*Estrier* de dehors, que la Jambe de dehors soit tant soit peu plus alongée que celle de dedans, laquelle doit estre un peu plus avancée que l'autre ; Estant ainsi entierement assis sur la *Fourcheure*, appuyè sur les *Estriers*, & autant avancè vers le Pommeau qu'il est possible, il faut que la Jambe de dehors joigne le Cheval, le Genoil estant tournè en dedans, & le Jarret roide, pour faire que le Gras de la Jambe ap-

U u u

proche

proche du Cheval : Aprez cela allant à droite, il faut mettre la Main de la *Bride* du coſtè de dehors du Col, ou tourner le Poignet vers luy, hauſant le Petit-Doigt ſans tournér la Main, ce qui tire la Reſne de dedans, qui eſt au deſſus du Petit-Doigt ; Le Bras doit eſtre eſlognè du Corps, en *Ligne oblique*, & l'Eſpaule gauche un peu en dedans ; le Col un peu en derriere, & un peu tournè du coſtè gauche, & les Bottons du Pourpoint un peu du coſtè droit ; ce qui fait neceſſairement aller le Cheval en *Biais* : Il faut auſſi que vous *Regardiez*, & tourniez la Teſte au coſtè de dedans de la *Volte*, du coſtè de dedans de la Teſte du Cheval, ce qui vous tiendra la Main ferme ; Car ſi vous *Regardiez* vers voſtre Eſpaule de dedans, celà feroit que la Main de la *Bride* ſeroit trop dans la *Volte* ; & ſi vous *Regardiez* juſtement entre les Oreilles du Cheval, voſtre Eſpaule de dehors n'entreroit pas aſſez, & ni elle, ni vous, ni le Cheval, ne ſeroit point *Oblique* : Il faut que voſtre Main aille en rond avec le Cheval, & qu'elle ſoit ferme, & le Sente ſeulement.

Le

Le Cheval eſtant ainſi en *Biais*, la Reſne ainſi tirée, Eſlargit le devant du Cheval en eſlognant
la Jambe interieure de devant de l'exterieure de
devant ; ce qui Aproche la Jambe interieure de
derriere de l'exterieure de derriere, & ainſi Eſtreſſit le derriere, le fait Plier aux Jarrets, principalement à celuy de la Jambe exterieure de derriere, ſur laquelle il s'appuyë, & Pouſſe l'interieure de derriere ſous le Ventre ; Et tout celà
le' met extremement ſur les Hanches : Le Cheval eſtant preſſé du coſté de dehors, il faut de
neceſſité qu'il *Regarde* dans la *Volte*, & les Parties de devant eſtant eſlargies, il *Embrace* tant
mieux la *Volte* ; les Jambes de derriere eſtant
auſſi dans les *Lignes* de celles de devant, il doit
eſtre neceſſairement ſur les Hanches ; & la Jambe
interieure de devant eſtant eſlognée de l'exterieure de devant (qui fait un *Cercle*) il faut que
l'interieure de devant s'alonge, pour *Conduire*,
ce qui eſt comme il faut, & fait le plus large
Cercle ; l'exterieure de devant le ſecond *Cercle* ;
l'interieure de derriere le troiſieſme *Cercle* ; parcequ'elle eſt Pouſſée devant l'exterieure de derriere,

U u u 2 &

& fous le Ventre; & l'exterieure de derriere
fait le plus petit *Cercle*, parcequ'il s'y Appuyé,
& fe Plië aux Jarrets: C'eft ainfi que le Cheval
fait quate *Cercles* parfaits au tour du Pilier, ou
du *Centre*, comme je l'ay defia dict, & en ay
donné les Raifons.

C'eft ainfi que les Parties de devant du Cheval vont tous-jours avant celles de derriere; c'eft
à dire la moitié des Efpaules dans la *Volte*, devant la moitié de la Croupe dans la *Volte*, qui
eft avoir la Jambe de devant devant celle de derriere
dans la *Volte*, Et de cette maniere le Cheval ne
peut qu'aller fort exactement de la Tefte, du
Col, du Corps, & de tout le refte.

A la Main gauche il faut faire la mefme chofe,
& de la mefme façon, qu'a la Droite, changeant
de Main, de Corps, & de Jambe, feulement
qu'alant a Main gauche, il faut mettre la Main
de la *Bride* du cofté contraire du Col, le Bras
joint au Corps, & le Poignet tourné vers le
Còl; ce qui tire la Refne de dedans à la Main
gauche; parceque cette Refne eft fous le Petit-
Doigt, & cela fait que le Cheval eft *Oblique*, &

le

le Cavalier auſſi: Tout ce que j'ay enſeignè pour la Main droite ſert auſſi pour la Gauche, & fait le meſme effet en l'une qu'en l'autre.

Par ce moyen le Cheval eſt aſſûjeti à la Main, & à l'Eſperon, & vous le faitez aller comme il vous plaiſt, doucement ou viſte, en haut ou en bas; Mais prenez garde de n'avoir pas la Main trop haute, affin que le Cheval puiſſe aller bas & preſſè; car ſi vous avez la Main baſſe le Cheval va bas; & ſi vous l'avez haute, il va haut; & il va tous-jours ſelon que la Main eſt haute ou baſſe; & il faut que le *Terre à Terre* ſoit tous-jours bas & preſſé.

Il vous faut ſçavoir, que la Reſne de dedans preſſe le Cheval du coſté de dehors, le ſoutient en haut, & le met ſur les Hanches, principalement de la Jambe exterieure de derriere, deſorte que tout le Corps panche du coſté de dehors, & il ne peut faire entrer l'Eſpaule de dehors; car il eſt conſtreint & a les Jambes dans la *Volte* pour Conduire: Par la poſture du Col, vous connoiſtrez s'il panche du coſté de dehors, ou non; car s'il panche du coſté de dehors, le Col pan-

X x x

chera

chera auſſi entierement de ce meſme coſté, & le
Corps du Cavalier ſera *Concave* du coſté de dehors, & *Convexe* dedans, car eſtant *Concave* du
coſtè de dehors, fait que le Cheval l'eſt auſſi, &
qu'il met la Hanche en dedans (eſtant preſſè du
coſtè de dehors) & a trois Jambes en l'air, les
deux de devant, & l'interieure de derriere, avec
un ſaut en avant, bas & preſſè : C'eſt icy la veritable Methode du *Terre à Terre*, & les *Aydes*
les plus ſubtiles & delicates qu'on y puiſſe a-
voir.

Des Changements au *Terre à Terre*.

JL vous faut avoir le Corps *Oblique*, le Poignet vers le Col, & du coſtè de dehors, ſoit
que vous alliez à Droite ou à Gauche ; Si c'eſt à
Droite au *Terre à Terre*, il faut laiſſer entrer un
peu les Eſpaules, avant que de le Changer, a-
pres quoy il le faut *Ayder* de la Jambe droite, &

le

le Soutenir de la Main, du coſtè de dehors du Col, qui eſt à preſent Changè au coſtè gauche: Il luy faut faire entrer les Eſpaules un peu avant que Changer, affin de luy fixer la Croupe, qu'elle n'aille pas en dehors; & pour la meſme Raiſon, il faut avoir la Man du coſtè contraire de la *Volte*; A chaque Changement, il le faut tousjours mettre un peu en avant.

Eſtant, à preſent, à la Main gauche, avant que vous Changiez le Cheval, laiſſez-luy un peu entrer les Eſpaules, pour luy fixer la Croupe, aprez quoy il le faut *Ayder* de la Jambe gauche, & le mettre un peu en avant, & puis le Soutenir de la Main, en dehors du Col, du coſté gauche: Je commence à le Changer avec la Jambe, pour les Raiſons que je vous ay dittes; mais il ſe faut ſouvenir d'eſtre ferme aux Jarrets, & d'avoir les Talons en bas, pour joindre le Gras des Jambes au Cheval: Faitez la meſme choſe aux *Demi-Voltes*; Et voilà la veritable Methode des Changements au *Terré à Terre*.

Des Changements aux *Demi-Volts, Terre-à Terre.*

AUx *Demi-Voltes,* vous estez assis *Oblique-ment,* la Main en dehors, la Jambe de dehors jointe au Cheval, & le Poignet de la Main de la *Bride* vers le Col; Quand il fait la *Demi-Volte,* laissez le aller un peu plus d'un demi-*Tour,* pour luy fixer la Croupe, avant que vous le Changiez; & en le Changeant, *Aydez*-le, au commencement, de la Jambe de dedans, & puis Soutenez-le de la Main, un peu du costé de dehors du Col : Ceci est excellent quand le Cheval n'est pas à la *Muraille;* car quand il y est, il ne se peut faire, à moins de le faire aller au travers de la *Muraille,* ce qui est impossible, & par consequent ce ne peut estre alors que justement la moitié d'un *Tour,* ou une *Demi-Volte,* que vous pouvez *Ayder* de la Resne de dedans, ou de dehors, indifferemment, pourveuque vous luy teniez la Croupe à la *Muraille;* affin qu'il puisse

garder

garder la Ligne, & ne point falſifier la *Demi-Volte* : Les grands *Maiſtres* peuvent faire tout ceci de l'une ou de l'autre des Reſnes, mais ſans beaucoup d'*Art*, & d'*Experience*, il eſt impoſſi-ble de rien faire qui vaille au *Manege*.

Du Galoper & Changer *en Soldat*.

MEttez tous-jours le Cheval en avant, de la Reſne & de la Jambe de dehors ; Si la Croupe ſort trop, ayez alors la *Bride* du coſté de dehors de la *Volte*, ou du Col, pour *Ayder* de la Reſne de dedans, affin de luy tenir la Croupe en dedans ; Mais autrement point ; ains *Aydez*-le, de la Reſne, & de la Jambe & dehors : Ceci ſuffit touchant les Changements ſur les *Cercles d'une Piſte*, qui doivent tous-jours eſtre, ou un demi *Tour*, ou un quart de *Tour*, *Terre à Terre*.

Y y y

Pour

Pour preparer les Chevaux aux Passades.

FAitez aller le Cheval, premierement au *grand Pas*, le long d'une *Muraille*, ou d'une *Hayë*, au bout de laquelle vous l'Arresterez, & l'Esleverez deux ou trois *Pesates*, apres quoy vous le Tournerez doucement, en l'Aydant de la Resne, & de la Jambe, de dehors, & prenez bien garde qu'il ne falsifië point les *Demi-Voltes*, ni en ses Espaules, ni en sa Croupe, qui doivent estre, & l'un & l'autre, fort justes, apres que le Cheval est tourné.

Il faut faire la mesme chose de l'autre Main, & puis *Trotter* sur une Ligne droite ; Arrestez, Avanzez, & Tournez, comme auparavant, & le Cheval ayant parfaitement appris ces *Leçons*, Galopez-le au *Petit-Galop*, sur la Ligne droite, Arrestez-le, & l'Avancez ; apres quoy faitez-le aller une *Demi-Volte* en *Airs*, & luy faitez faire une *Passade*, au Petit-Galop, sans Arrester, ou Avancer, ce qu'il faira en perfection ; mais il faut a-
voir

voir foin de luy eflogner un peu la Tefte de la *Muraille*, affin qu'il y aye la Croupe, pour garder la Ligne, & l'empefcher de falfifier la *Demi-Volte* ; Il luy faut auffi faire faire avant qu'il Tourne, deux ou trois *Falcades*, pour luy mieux Affurer les Hanches, & Tourner de meilleure grace. Si vous le voulez faire courir *à toute Bride*, eflognez luy un peu la Tefte de la *Muraille*, pour y tenir la Croupe, lafchant un peu les Refnes, & le preffant des Jambes, & faifant deux ou trois petites *Falcades*, avant que de le Tourner ; apres quoy fervez vous de la Refne, & de la Jambe, de dehors, à la *Demi-Volte* ; & faitez en de mefme à l'autre Main, pour la *Paffade*, d'environ cinq fois la longueur du Cheval : C'eft ainfi que le Cheval ira parfaitement bien en *Paffades*, qui eft la *Pierre de Touche* d'un Cheval *Dreffé*, & Obeiffant à la Main, & au Talon, en toutes chofes.

Si le Cheval va en *Corbettes* ou en *Demi-Air*, faitez luy faire alors des *Demi-Voltes* fur les *Paffades*, en fon *Air*, ce qui eft fort agreable : Les *François* appellent cette *Paffade*, *Relevé*, qui ne me femble pas eftre un *Terme* fort propre.

A la *Demi-Volte*, il faut *Ayder* tout de mefme qu'au *Terre à Terre* ; car elle n'eft que la moitiè d'un *Tour* de *Terre à Terre*.

De la *Piroüette*.

L'Action des Jambes du Cheval, quand il va en *Piroüette*, eft fort eftrange : La Main du Cavalier eftant du cofté de dehors du Col du Cheval, affin de *Regarder* dans la *Volte*, & faifant grand effort de la Refne de dehors de la *Bride*, il Eftreffit les Parties de devant, & donne tant plus de Liberté à celles de derriere, fans *Ayder* en façon du monde d'aucune Jambe : L'Action donc des Jambes du Cheval eft, que quand, à Main droite, il Leve les Jambes de devant, en mefme temps, il Leve auffi la Jambe de derriere, qui eft hors de la *Volte*, deforte qu'il a trois Jambes en l'air, en mefme temps, &

ne

ne ſe ſoûtient que ſur la Jambe interieure de derriere; mais quand ces trois Jambes vienent à
terre, l'Eſpaule de dehors entre ſi viſte, que la
Jambe interieure de derriere ſe remuë, en meſme
temps, ſans quaſi changer de Place, pour garder
le *Cercle*; Et je dis, qu'en meſme temps, que
les trois Jambes ſe mettent à terre, la Jambe interieure de derriere ſe remuë, pour ſeulement ſuivre le *Cercle*, ſans quaſi changer de Place : Deſorte que la Jambe interieure de derriere eſt le
Centre, quoy qu'elle ſe remuë, parceque c'eſt en
rond, & quaſi en un meſme Lieu; & lors que
le Cheval ſent que la Teſte luy tourne ſi fort,
qu'il ne peut aller plus long temps, il met (depeur de tomber.) la Jambe interieure de derriere
en avant pour s'Arreſter.

Voilà exactement les *Aydes*, & les Mouvements des Jambes du Cheval, quand il va en
Piroüette; car autrement il luy ſeroit impoſſible
d'aller ſi viſte, comme il faut qu'il aille : Il eſt
ſur les Eſpaules, parcequ'il eſt preſſé du coſté de
dedans, & la *Peſate* eſt la meſme choſe,
n'eſtant que la moitié de la *Piroüette*, & en

Z z z   l'un

l'un & en l'autre, il faut *Ayder* de la Refne de dehors.

Un des plus grands *Secrets*, que j'aye jamais trouvé au *Manege*.

LA Jambe interieure de derriere, à la *Volte*, & tous-jours un peu en dehors, eft la Quin-teffence de tout ce qui apartient au *Manege*, foit que la Croupe foit en dedans, ou en dehors; Le Poignet de la Main de la *Bride* vers le Col du Cheval; la Croupe eftant en dedans, fait fort bien en *Terre à Terre*; Mais le Cheval, allant tous-jours en *Biais*, fur les *Voltes*, ou ayant la Tefte à la *Muraille*, celà fait le mieux du mon-de; car les Efpaules allant devant, les Parties de derriere font fortir la Jambe interieure de derriere, qui eft le principal but du *Manege*; les Jambes de derriere eftant proches l'une de l'autre, le Cheval eft, par confequent, fur les Hanches.

La

La Reſne dededans de la *Bride* tirée, comme je viens de le dire, fait ce que j'ay deſcrit cy-deſſus, & la Reſne de dedans du *Caveſſon* le fait auſſi ; car elle fait ſortir les Jambes interieures de derriere ; Eſtreſſit les Parties de derriere ; & Eſlargit celles de devant ; parcequ'elle Eſlogne la Jambe interieure de devant, de l'Exterieure ; & par conſequent, elle Eſlargit le Cheval par devant, &, en meſme temps, fait ſortir la Jambe interieure de derriere, pour la joindre à l'Exterieure ; ce qui l'Eſtreſſit du derriere, & ainſi il faut neceſſairement qu'il ſoit ſur les Hanches.

Il faut donc que la Jambe interieure de devant ſoit tous-jours devant l'Interieure de derriere, en ſorte que la moitié des Eſpaules aillent tous-jours devant la moitié de la Croupe, & par ce moyen le Cheval n'ira jamais *faux* ; Les Parties de devant embraſſant tant mieux la *Volte*, & la Jambe exterieure de derriere eſtant tenuë un peu en dedans, fait que les Jambes de derriere ſont dans les Lignes des Jambes de devant, ce qui met le Cheval ſur les Hanches, & fait que les Parties de devant conduiſent, comme il faut

Z z z 2

qu'elles

qu'elles faſſent ; car ce n'eſt pas le *Cul* du Cheval, mais bien la Teſte, & les Parties de devant, qui vont les premieres, quand il marche.

Souvenez vous, qu'aucun Cheval ne peut eſtre ſur les Hanches, s'il ne ſe courbe aux Jarrets, & s'y Plië ; & plus les Jambes de derriere vont ſous le Ventre, le Cheval ſe Plië tant plus aux Jarrets : Souvenez vous auſſi qu'il eſt tres_certain, qu'aucun Cheval ne peut eſtre ſur les Hanches, s'il n'a la Croupe un peu pouſſée en arriere : Par exemple, quand vous donnez un bon *Arreſt* au Cheval, les Jambes de derriere vont ſous le Ventre, & la Croupe eſt pouſſée en dehors ; Il ſe Plië aux Jarrets, & eſt ainſi ſur les Hanches : Quand il va le *Petit-Galop la Croupe en dedans*, les Jambes de derriere ſont pouſſées ſous le Ventre, & alors la Croupe ſort, il ſe Plië aux Jarrets, & eſt ſur les Hanches : En *Terre à Terre*, les Jambes ſont auſſi pouſſées ſous le Ventre, & la Croupe ſort, il ſe Plië aux Jarrets, & eſt ſur les Hanches.

Si vous faitez Reculer le Cheval, l'une des Jambes de derriere va tous-jours ſous le Ventre,

&

& il met la Croupe en dehors, ſe Plië aux Jarrets, & eſt ſur les Hanches ; Il en eſt de meſme
aux *Peſates*, la Croupe eſt pouſſée en dehors, il
ſe Plië aux Jarrets, & eſt ſur les Hanches ; mais
ſi on le Leve trop haut, celà le met hors des
Hanches ; parcequ'alors il eſt roide aux Jarrets,
à cauſe que la Croupe entre ; ce qui le met à
la Main, & hors des Hanches : C'eſt pourquoy il ne le faut jamais Lever trop haut en
Peſates, s'il faut que la Croupe ſorte, qne le Cheval ſoit Plié anx Jarrets, & qu'il ſoit ſur les
Hanches.

Ma Methode, au ſeul Pilier, en *Courbettes*, fait
ſortir la Croupe, fait Plier aux Jarrets, & met
ainſi le Cheval ſur les Hanches, parcequ'il ne
peut s'Eſlever, & par conſequent, il met la Croupe
en dehors, & eſt ſur les Hanches ; deſorte que
tout ce dont on ſe ſert pour mettre le Cheval
ſur les Hanches eſt par devant, à ſçavoir la
Reſne du *Caveſſon*, ou le *Mors*, & rien par derriere.

La Jambe interieure de derriere, & la Reſne
de dedans du *Caveſſon*, ſont la Quinteſſence du

A a a a

Manege;

Manege ; parceque poussant la Croupe en dehors, cela fait Plier le Cheval aux Jarrets, &
ainsi il est sur les Hanches, qui est la fin de tout
ce qui se fait au *Manege*; Je n'entends pas que
la Croupe soit mise en dehors en *Cercle*, ni en
Ligne droite, ains qu'elle soit poussée en arriere,
& alors le Cheval est sur les Hanches, parcequ'il Plië sur les Jarrets.

Vous vous souviendrez, que tout ce qui met
le Cheval sur les Hanches se fait par devant; desorte que la Teste estant tirée en bas, & en dedans, il est sur les Hanches; car la Croupe va
en dehors, & il Plië aux Jarrets ; & est par consequent, sur les Hanches : C'est à dire, qu'il
faut que le Cheval soit un peu plus Eslevé par
derriere que par devant, parcequ'alors la Croupe
va en dehors, & il Plië aux Jarrets, & est, par
consequent, sur les Hanches : Par exemple,
quand un Cheval descend une Coline, il a la
Croupe plus haute que les Parties de devant, &
elle est en dehors, il Plië aux Jarrets, & est extremement sur les Hanches.

Desorte

Deſorte que dans l'Eſcurie meſme, ſi le Cheval a la Queüe tournée vers la Creche, il a la Croupe plus haute que les Parties de devant, & elle eſt en dehors, il Plië aux Jarrets, & eſt bien fort ſur les Hanches : C'eſt pourquoy en un Lieu plain & uni, il ſe faut ſervir d'Artifice, en luy abaiſſant la Teſte, & la mettant en dedans, autant qu'il eſt poſſible, pour luy hauſſer le derriere plus que n'eſt le devant, ce qui met la Croupe en dehors, le fait Plier aux Jarrets, & le met ſur les Hanches ; comme on fait en l'*Arreſtant*, le *Reculant*, au *Paſſager*, au *Petit-Galop*, & à *Terre à Terre*, ou il eſt Abaiſſé, & a la Croupe en dehors ; ce qui le met ſur les Hanches.

Si la Reſne de dedans du *Caveſſon* eſt attachée au Pommeau, ou, tirée bien fort, dans la Main, cela met le Cheval ſur les Hanches, parcequ'il aproche la Jambe interieure de derriere de l'Exterieure, ce qui fait qu'elle n'entre pas trop, ou point du tout, & le met ainſi ſur les Hanches : Tout de meſme aux *Péſates*, ou *Courbettes*, la Reſne de dedans du *Caveſſon* attachée au Pommeau, fait ſortir la Jambe de dedans ; ce

A a a a 2

qui

qui met le Cheval fur les Hanches, parcequ'il pouffe la Croupe en dehors ; Mais fi vous n'avez rien à la Main que la *Bride*, la Refne de dedans de la *Bride* fait la mefme chofe : Il eft bien vray, qu'au *Paffager la Croupe en dedans*, il fe faut fervir de la Refne de dehors ; parceque c'eft l'Action du *Trot*, qui eft *croifé*, & dautant que les Jambes font en *Biais*, cela ce peut permettre : Et ainfi c'eft fort bien, qu'au *Paffager*, le Cheval foit preffé dans la *Volte*, & en Liberté hors de la *Volte*, affin que les Jambes de dehors puiffent paffer par deffus celles de dedans ; mais n'ayant que la *Bride* à la Main, le Cheval *Regardera* hors de la *Volte*, fi vous n'*Aydez* des deux Refnes ; & à toutes les fois que vous l'*Eflever*ez en *Pefates la Croupe en dedans*, ou *en dehors*, il vous faut *Ayder* de la Refne de dedans, pour faire fortir la Jambe interieure de derriere, ce qui le fait Plier aux Jarrets ; parceque les Jambes de derriere des Chevaux, eftant faites comme les Bras des Hommes, il faut de neceffité que le Cheval Plië aux Jarrets, quand la Jambe interieure de derriere eft pouffée en dehors,

Il eſt tres-certain, que ſur des *Cercles larges d'une Piſte*, la Jambe interieure de derriere fort, & ſe plië; ce qui ne met nullement le Cheval ſur les Hanches, ains le met bien fort ſur les Eſpaules; car plus la Croupe fort, plus il eſt ſur les Eſpaules, & cette Leçon ne ſert qu'a luy Aſſouplir les Eſpaules, & non pas à le mettre ſur les Hanches : Qui ſi vous le voulez mettre ſur les Hanches, il vous luy faut mettre la Croupe en dedans; parceque les Part ies qui font le plus grand *Cercle* font en plus grande agitation, ayant plus de chemin à faire, & neaumoins les Parties de derriere font les plus preſſées, dautant qu'elles font le moindre *Cercle*, & ainſi le Cheval eſt ſur les Hanches.

Il y en a qui croyent, que plus on met la Croupe du Cheval en dedans, plus il eſt ſur les Hanches; mais je ne ſuis point de cette opinion, parceque la Jambe interieure de derriere va devant la moitié des Eſpaules, ce qui l'Eſlargit en derriere, le met hors des Hanches, & le fait aller en arriere : Mais s'il a la Croupe en dedans, & qu'on faſſe ſortir la Jambe interieure de der-

B b b b   riere,

riere, il Plië alors aux Jarrets, les Jambes de derriere s'Estreffissent, & ainsi il est sur les Hanches ; & l'est tant plus s'il va en *Biais*, doutantque, par ce moyen, les Jambes de derriere font plus proches l'une de l'autre, & plus Estreffies, & il est, par consequent, sur les Hanches : Cela est fort vray; car si la Jambe de derriere (dans la *Volte*) va avant la Jambe inte-rieure de devant, le Cheval ne va pas seulement en arriere, mais il a aussi la Jambe interieure de derriere roide aux Jarrets, & il n'est point, par consequent, sur les Hanches : Mais si vous faites sortir la Jambe interieure de derriere, il Plië alors aux Jarrets, & est, par consequent, sur les Hanches, à cause de la ressemblance que les Jam-bes de derriere des Chevaux ont à nos Bras, lesquelles ont seulement une Jointure de plus.

Vous voyez maintenant, que de tenir la Jambe interieure de derriere en dehors, en tout ce qui ce fait au *Manege*, & à quoy que vous *Travailliez* le Cheval, est une chose tres-excellente & rare, & la Quintessence du *Manege* ; car sans cela tout y est faux, & on commet quantité de fautes entierement irreparables.   Cette

Cette Methode à efté examinée à bon effient, & ne manque jamais à *Dreſſer* les Chevaux en perfection : Elle conciſte, comme je viens de dire, à faire fortir la Jambe interieure de derriere, en tout ce qui fe fait au *Manege* ; car eſtant ainfi mife en dehors, il faut que le Cheval Plië aux Jarrets, comme je l'ay prouvé par la reſſemblance que fes Jambes de derriere ont à nos Bras : C'eſt ce que Perfonne n'a jamais fçeu, ni penfé, & c'eſt pourquoy je vous exhorte de le bien Remarquer, de vous en Souvenir, & de le Pratiquer, autant qu'il vous fera poſſible ; mais fi vous ne le pouvez faire, n'en accufez point la chofe, & vous fouvenez, qu'il n'y a point d'Homme qui foit né capable de toutes fortes de Profeſſions, ou qui s'en rendre Maiſtre par Infpiration ; ains feulement par Eſtude, Diligence, Soin, Patience, & long Exercice ; eſtant impoſſible qu'aucun Homme aye naturellement tant plus d'Efprit que les autres, que de pouvoir apprendre, en un moment, ce à quoy les autres employent plufieurs années d'Eſtude.

C c c c 2

Pour

Pour mettre un Cheval fur les Hanches, à
quoy j'infifte davantage, parceque c'eft la fin
de tout noftre travail au *Manege*, car fans cela il n'y a point de Cheval qui puiffe, en façon
du monde, Aller bien.

AUcun Cheval ne peut aller bien fur les
Hanches, qu'on ne luy *Travaille* les Parties
de devant ; car, par ce moyen, lors que vous
l'Arreftez, vous tirez les Parties de devant, ce
qui le met fur les Hanches, parceque vous tirez
les Parties de devant en bas, & en dedans ; En
le Reculant vous le mettez fur les Hanches, parceque vous tirez les Parties de devant en bas, &
en dedans : Au *Terre à Terre*, vous fervant de
la Refne de dedans, à quelle Main que le Cheval aille, vous le Preffez du cofté de dehors, &
luy mettez en dedans la Hanche de dehors, & a-
lors vous mettez le Cheval fur les Hanches,
parceque vous le tirez en bas du cofté de dehors,
avec la Refne de dedans de la *Bride*, à quelle
Main que ce foit.   Par

Par ainsi ma Methode (le *Cavesson* attaché au Pommeau, ou aux Sangles, si le Cheval est pressé du costé de dehors, & la Hanche de dehors mise en dedans) le met sur les Hanches, parceque le *Cavesson* luy Abaisse la Teste, & la met en dedans; Et, croyez moy, le *Cavesson* de la manierre que je viens de dire, met plus le Cheval sur les Hanches, que quoy que ce soit; mais si vous le Pressez du costé de dedans de la *Volte* (encore que vous luy Abaissiez la Teste) il n'est point sur les Hanches, parceque la Hanche de dehors sort, &, par consequent, cela le met sur les Espaules.

Vous voyez donc, que quoy que ce soit qui pousse la Teste du Cheval en bas, & en dedans, le met sur les Hanches, voire mesme quand c'est naturellement qu'il l'Abaisse : Par example, un Cheval qui va (comme les Italiens disent) *Incapuciato*, c'est à dire, qui se met en posture de se roidir contre le Mors, est ayfement mis sur les Hanches, & estant sur les Hanches, il est Legier à la Main.

C c c c   De

De fraper le Cheval, fur les Genoux, de la Gaule, quand il Leve le devant, le fait baiffer, & le met en dedans, & par confequent, fur les Hanches: Il n'y a point de Cheval qui tiene la Tefte levée qui foit fur les Hanches; ni s'il Efleve le devant fort haut; Mais en *Terre à Terre*, il n'y en a point qui ne foit fur les Hanches, s'il a la Tefte abaiffée, & en dedans, & eft Monté comme il faut: La Raifon eft, qu'aucun Cheval ne peut aller fur les Hanches, qu'il ne Plië aux Jarrets, ou Genoux de derriere; au lieu que quand il fe Leve fort haut en devant, il eft de neceffite roide aux Jarrets, & n'eft point, par confequent, fur les Hanches; S'il tient la Tefte levèe bien haut, celà le roidit aux Jarrets, & par confequent il n'eft point fur les Hanches; mais tout au contraire, il n'y a point de Cheval qui aille abaiffé par devant, qui ne *Plië* de neceffitè aux Jarrets, foit qu'il aille en bas d'une Coline, ou foit Tournè, dans l'Efcuriè, la Queüe vers la Creche, ce qui fait que les *Parties* de derriere font plus hautes, que celles de devant, & ainfi il ne peut qu'il ne *Plië* aux Jarrets, & eft par confe-

quent

quent sur les Hanches, & la Croupe en dedans;
car si elle estoit en dehors, il seroit sur les Espaules, quoy qu'il eut la Teste en bas.

Par ainsi, il y a quantité de Chevaux, & un
grand nombre d'Hungres, dont on se sert à la
Chasse, & en Voyage, qui vont horriblement
sur les Espaules, quoy qu'ils ayent la Teste basse,
& c'est, sans doubte, que toutes sortes de Chevaux vont comme celà, sans en excepter aucun,
sinon ceux qui sont *Dressez* au *Manege* : Pour
bien comprendre celà, il faut sçavoir, que les
Jambes de devant du Cheval sont faites comme
les nostres, les Genoux en dehors; mais celles
de derriere sont faites justement tout le contraire
de nos Bras : Desorte, qu'à chaque fois que le
Cheval esleve le devant, ou tient la Teste levée,
il est roidi aux Jarrets; Et au contraire, quand il
a la Teste abaissée, il faut de necessité qu'il y
Plië, s'il est Pressé, & non autrement.

J'incifte davantage sur ce Point, affinque vous
voyez clairement, qu'est-ce qui fait que le Cheval
est sur les Hanches, ou n'y est pas; pour esviter
l'un, & bien estudier l'autre, qui est de mettre

                le

le Cheval fur les Hanches, en quoy concifte la perfection de *Dreffer*, & Monter les Chevaux: car il eft impoffible qu'aucun Cheval foit *Dreffé*, ou Legier à la Main, s'il ne va fur les Hanches: Mais il n'y a point de Regle fi generale qui n'eft des exceptions; car quoy que la Tefte du Cheval foit abaiffée, quand vous *Travaillez* fes Efpaules *d'une Pifte*, la Refne & la Jambe en dedans, il ne peut eftre fur les Hanches, parceque vous les faitez fortir, & Preffez le Cheval du cofté de dedans : Il en eft de mefme lors qu'il a la Croupe en dedans, fi vous le Preffez du cofté de dedans, la Croupe fort tant foit peu, & il ne peut, par confequent, eftre fur les Hanches, quoy que la Tefte foit tirèe en bas, parceque vous luy méttez la Hanche en dehors : Ceci eft pourtant tres-excellent, pour donner au Cheval un *Appuy* fur les Barres, & pour Affouplir les Efpaules; mais il ne le peut pas mettre fur ce que vous luy oftez, qui feroit un trop grand Miracle, & eft une entiere impoffibilitè.

D'Abaiffer

D'Abaiſſer la Teſte au Cheval, & la mettant en dedans, le met ſur les Hanches, aux
Arrets ; Faiſant la meſme choſe, quand vous
le faitez Reculer, le met auſſi ſur les Hanches ; Lors que vous l'Eſlevez, luy Abaiſſant
la Teſte, & la mettant en dedans, le met auſſi
ſur les Hanches ; Et quand vous le Preſſez
du coſté de dehors de la *Volte* au *Terre à
Terre*, celà le met ſur les Hanches ; Si vous
luy mettez la Teſte en bas, & en dedans, ſoit
avec le *Caveſſon*, ou avec la *Bride* ; comme
auſſi ſi vous luy mettez la Teſte en bas, &
en dedans, le Preſſant du coſté de dehors de
la *Volte*, cela le met ſur les Hanches au *Terre à
Terre*, & ſur le *grand Pas* au *Paſſager* : Je ſuis
fort aſſuré, que ceci ſuffit pour mettre quel
Cheval que ce ſoit ſur les Hanches ; qui eſt
le vray Elixir du *Manege*, & ce fait, lorſque
le Cheval a la Teſte baſſe, & en dedans, &
eſt Preſſé ; c'eſt à dire, que luy Abaiſſant la
Teſte, vous le Preſſez des Talons, ou des Jambes, autrement point : Car lors qu'un Cheval
boit, il Abaiſſe la Teſte, & n'eſt pas pourtant

D d d d   ſur

fur les Hanches ; dautant qu'alors il Plië le
devant, & non pas le derriere, & eft fur les
Efpaules ; c'eft pourquoy il faut neceffairement
qu'il foit Preffé ; Et s'il tient la Tefte levèe,
celà ne fait rien fur les Hanches, ains fait le contraire.

Un *Petit-Trot* met le Cheval fur les Hanches,
& un *Trot court d'une Pifte,* la Jambe & la
Refne d'un coftè, fait la mefme chofe, parceque la Jambe interieure de derriere eft mife
en dehors : Ayant la Tefte à la *Muraille* le
met fur les Hanches ; mais rien ne l'y met
davantage que d'avoir la Main legiere ; car
lors qu'il n'a rien devant ou s'Appuyer, il faut
qu'il s'Apuye fur le derriere, qui font les
Hanches.

Il y a plufieurs Raifons qui nous obligent
à prendre tant de foin & de peyne (comme
je viens de le [faire voir) pour mettre les
Chevaux fur les Hanches, & cy y en a t'il
encore une davantage, à fçavoir, que la Croupe du
Cheval, ou les Hanches ne portent que la Queüe,
qui eft fort legiere ; mais les Efpaules ont le Col

&

& la Teſte à porter, qui peſſent beaucoup plus;
C'eſt pourquoy on le met ſur les Hanches, pour
le Balancer, Soulager les Eſpaules, & le rendre
Legier à la Main.

Cecy ſuffira pour *Dreſſer* toutes ſortes de
Chevaux ſur le Terrain ; pour leur faire
parfaitement *Obeir* la Main, & le Talon ;
& les mettre ſur les Hanches, qui eſt le *Chef-
d'Oeuvre* de noſtre *Art.*

Fin de la Seconde Partie.

TROISIESME
PARTIE
Pour *Dreſſer*, & faire Aller les
CHEVAUX,
En toutes ſortes d'Airs, ſelon ma
NOUVELLE METHODE.

L faut en toutes ſortes d'*Airs*, s'acco-
moder à la Force, Vivacité, & Diſ-
poſition du Cheval , & ne rien
faire contre Nature ; car l'Art la
doit mettre en bon ordre, & rien davantage :
Mais de vouloir *Galoper & Changer*, & aller *Terre*
à Terre, celà eſt, le plus ſouvant, conſtraint ; La
meſme choſe arrive aux *Peſates* ; parceque ſi

E e e e　　　　le

le Cheval est impatient, à peine ira t'il bien en *Pesates.*

Il n'y a point d'autres *Airs* qu'il faille forcer, mais chaque Cheval doit estre encouragé à celuy auquel le Nature l'incline le plus, ce que vous pouvez aisement remarquer, quand il est attaché court à un seul Pilier, selon ma *Methode.*

Aux *Courbettes,* il faut que le Cheval aye beaucoup de Patience, & cet *Air* la luy donne, estant Monté discretement, comme quelques uns disent ; Discretion que je ne sçache point, d'avoir jamais veu pratiquer, & voicy comment je croy qu'ils se trompent ; Les Chevaux qui vont en *Courbettes* ont beaucoup de Patience, & ils s'imaginent que les *Courbettes* en sont cause, au lieu que c'est la Patience qui est la cause des *Courbettes,* estant tres-dificille, sinon tout à fait impossible, de faire aller en *Courbettes* un Cheval impatient : Quoy qu'il y a fort peu de Regles si generalles qui n'ayent quelque exception, je ne pense pas pourtant qu'il y en ayt en celle-cy ; car encorqu'un jeune Cheval (ce qui arrive fort rarement) puisse, par hazard, aller en *Courbettes,*

j'ose

j'ose vous assurer, que la plus part d'eux ont besoin d'estre enseignez long temps, par beaucoup
de Leçons, souvant reïterees, & qu'ils sont bien
avancez en Age, avant que d'estre si parfaitement affermis, que de pouvoir aller justement en
Courbettes en avant, & sur les *Voltes* ; Ceux-là
donc se trompent qui pensent pouvoir forcer aucun Cheval d'aller en *Courbettes*, s'il n'a point
du tout d'inclination à cet *Air* ; car j'en ay veu
plusieurs qu'on n'a jamais peu forcer d'aller en
Courbettes, contre leur inclination : Les *Courbettes* sont une sorte d'*Airs* qui dependent beaucoup de l'*Art* ; car si le Cheval n'obeit parfaitement à la Main, & au Talon, & n'est, comme
il faut, sur les Hanches, il n'ira jamais en *Courbettes* ; Il est pourtant vray, que, par ma *Nouvelle Methode*, je ne manque que fort rarement
à faire aller en *Courbettes* des Chevaux, qu'aucune autre Methode n'auroit jamais peu faire
aller.

Il y a quatre differents *Airs* propres aux *Sauteurs*, qui sont les *Croupades, Balotades, Caprioles*, & le *Pas-le Saut* ; Leur Hauteur peut estre

 sem-

semblable, mais la Maniere ne l'est pas, bienque le Cheval qui va plus long temps doit aussi aller plus haut.

Les *Croupades* sont un *Saut*, ou le Cheval leve les Jambes de derriere, & les pousse en haut vers le Corps.

Les *Balotades* sont un *Saut*, ou le Cheval semble vouloir Ruer, mais il ne le fait pas pourtant, & ce n'est qu'une *demi-Ruade*, faisant seulement voir les Fers des Jambes de derriere, comme s'il avoit envië de Ruer.

Les *Caprioles* sont un *Saut*, au plus haut duquel le Cheval Ruë, & Espare, mettant les Jambes de derriere aussi esgales entre elles, & aussi loin qu'il luy est possible; ce que les François appellent *Noüer l'Esguillette*.

Le *Pas-le Saut* semble contenir trois *Airs*; le *Pas*, *Terre à Terre*; le *Soulevement*, une *Courbette*; & puis aprez un *Saut*: Ces *Airs* ne veulent point estre forcez, & les *Poinçons* ne peuvent point changer la Nature; & il est entierement necessaire que les Chevaux soient tout à fait bien enclins à cet Excercice.

Selon

.Selon l'anciene Opinion, il faut que les *Sauteurs* ayent une tres-grande Force, la Bouche excellente, & les Pieds parfaitement bons, & en ce dernier ils ne ſe ſont point trompez, la bonté des Pieds eſtant extremement neceſſaire ; car ſans elle les Chevaux n'oſent non plus s'*Eſlever*, qu'un Gouteux oſe eſſayer de *Sauter*.

Je ſouhaiterois auſſi qu'il eut la Bouché bonne (ce qui donne un bon *Appuy*) & qu'elle ne feut ni trop dure, ni trop tendre, mais ſeulement telle, qu'elle peut ſouffrir un bon *Appuy* ſur les Bar-res, & endurer la Gourmette, qui eſt ce' qu'on appelle une bonne Bouche : Il faut pourtant que j'avoüe davoir veu, un des excellents *Sauteurs* qui peut eſtre, Aller entierement ſur les Barres, & point du tout ſur la Gourmette ; ce que je n'ay garde d'approuver ; mais il valoit bien mieux le faire *Sauter* ainſi, eſtant un Cheval ſi rare, que de n'en point faire un *Sauteur* (par trop de curioſité) pour ne pas Aller ſur la Gour-mette.

C'eſt une grande erreur de croire, qu'il faut que les *Sauteurs* ſoient extremement *Forts* ; car

F f f f

les

les plus *Forts* ne font pas tous-jours les plus propres pour le *Manege*, & moins encore pour eftre
Sauteurs ; car j'ay veu plufieurs Chevaux *tres-
Forts*, qu'on eftoit conftraint de *Galoper* long
temps, avant que de pouvoir abatre la Force de
leur Efchine, & durant ce temps là, ils ne fai-
çoient que Ruer, & *Sauter* à contre temps, &
defquels le meilleur *Efcuyer* du monde n'auroit peu faire des *Sauteurs* ; deforte que ce
n'eft pas la *Force*, mais bien leur *Inclination Naturelle*, qui les rend propres à *Sauter*, & les
meilleurs *Sauteurs* que j'aye jamais veus eftoient
extremement foibles.

Prenez moy un des plus forts Soldats des
Gardes, & il fe trouvera de petits Hommes qui
Sauteront, fans comparaifon, mieux que luy, lefquels pourtant il pourroit Efcrafer, par fa *Force* ;
Ce n'eft pas, non plus, la *Force*, ains l'*Agilité*,
qui rend les Chevaux propres à eftre *Sauteurs* :
On peut obiecter, que la *Force* d'un petit Homme eft autant (à proportion) plus que fon Pois,
que celle du Grand eft moins ; ce que je fup-
pofe tout au contraire, & fi eft ce, que le petit
Homme

Homme *Sautera* plus loin, que ne faira le Grand :
Il arrive auſſi, que de deux petits-Hommes eſgalement *Forts*, l'un *Sautera* fort bien, & l'autre
point du tout, & que le plus foible *Sautera* le
mieux, quoy qu'ils ſoient tous deux d'eſgale grandeur ; & meſme qu'un Homme greſle & floüet
Sautera mieux, que celuy qui eſt fort & ra-
maſſé ; deſorte que celà depend de l'*Agilité*, laquelle la *Nature* donne, & non l'*Art* ; Il eſt bien
vray, que quelque fois un grand Homme, & puiſ-
ſant, *Sautera* mieux qu'un Petit ; mais ce n'eſt
que rarement ; parceque les Eſprits des grands
Hommes ſont plus dilatez, & moins unis, que
ceux des Petits : Il en eſt de meſme des Chevaux,
parmi leſquels il s'en peut rencontrer de bien
Forts, qui ſont tres-enclins à *Sauter*, & ce ſont,
ſans doubte, de fort excellents Chevaux ; mais,
le plus ſouvant, ceux qui ſont enclins à *Sauter*
ne ſont que foibles, & il y en a qui ſe trouvent ſi
preſſez aux *Courbettes*, qu'eſtant foibles, ce leur eſt
quelque ſoulagement de *Sauter*.

Vous voyez par là que c'eſt la *Nature*, & non
l'*Art*, qui donne la Vivacité, & la Legiereté,

F f f f 2

aux

aux *Sateurs* ; deforte que tout ce que les *Efcuy-*
ers ont à faire, n'eft, que de leur faire obferver
le *Temps*, en quoy concifte tout l'*Art*, & quicunque y en voudra mettre davantage, faira voir fon
ignorance en fait de *Sauteurs*.

Le *Pas-le Saut* eft un *Air*, auquel les Chevaux
vont ordinairement quand ils n'ont pas un bon
Appuy ; car le *Pas* les met à la Main, & les Efleve pour *Sauter* (comme une petite courfe avant
le *Saut* fait aux Hommes) & par ce moyen ils
Sautent plus haut, que ceux qui ne font que
Sauter, fans faire aucun *Pas* : Je vous ay donc
fait ainfi voir que les *Courbettes, Croupades, Ba-*
lotades, Caprioles, & le *Pas-le Saut*, font des
Airs, es quels la *Nature* fait plus que l'*Art* :
Deux *Pas*, ou trois *Pas*, & un *Saut*, ne font
nullement agreables, & font plus-toft un *Galop*
Galiard, qu'un *Air*.

Ma

Ma Noüvelle *Methode* à un *Pilier ſeul*, qui eſt
de tres-grande efficace a *Dreſſer* les Chevaux,
en toutes ſortes d'*Airs*.

AYant fait amener le Cheval Sellé & Bridé,
mettez-le ſous le Bouton, & faitez prendre
au Palefrenier, pour la Main droite, la Longe
de dedans du *Caveſſon*, & la tournez au tour du
Pilier; Faitez auſſi qu'elle ſoit plus courte là ou
il la tient haute, que là ou elle eſt attachée à
l'Anneau du *Caveſſon*, & qu'un autre Palefrenier
tiene, de l'autre coſté, l'autre Longe du *Caveſſon*,
avec un *Poinſon* en l'autre Main, pour en piquer le Cheval, s'il met la Croupe trop en dehors; Et ayant placé un autre Palefrenier derriere, avec une *Houſſine*, pour l'empleſcher de reculer, que l'*Eſcuyer* l'Eſleve de *Ferme à Ferme*,
qui eſt en une meſme Place; & il ſe faut con-
tender, au commencement, de faire peu, car
Romme ne ſeut pas baſtie en un jour: Attachant
ainſi le Cheval court, il ne ſe peut Lever bien

 haut,

haut, c'est pourquoy, pour se mettre à son ayse,
il va sur les Hanches, & il y est necessité ; à
quoy estant un peu accoustumé, il n'y a point de
meilleure *Ayde* que de se servir de deux *Houssines*,
pour fraper tout doucement de l'une sur l'Espaule,
& de l'autre sous le Ventre, ce qui le met sur
les Hanches.

La mesme Resne ainsi attachée, quand le Cheval est parfait de *Ferme à Ferme*, faitez-le alors
aller sur les *Voltes*, ayant deux *Houssines* ès deux
Mains, pour l'*Ayder* de l'une au devant, & de
l'autre sous le Ventre ; il faut que vous soyez du
costé de dehors du Cheval, & il ira parfaitement
sur les *Voltes*.

La mesme Resne encore ainsi attachée, aydant
des deux *Hossines*, comme auparavant, & estant
du costé de dehors du Cheval, Allez alors en a-
vant, & envisagez le Cheval, & il ira parfaitement en *Courbettes* sur les *Voltes* ; ce que je n'ay
jamais veu faire, que par cette voyë : *Et faisant*
la mesme chose, vous le fairez aussi aller en *Courbettes* de costé.

Si

Si Vous attachez court la Refne gauche, comme vous avez fait la Droite, (ce qui fait l'affaire) & faitez tout ce que je viens d'enfeigner qu'il faut faire à la Droite, le Cheval ira parfaitement, es deux Mains, en *Courbettes en une mefme Place* ; en *Voltes* en rond, en arriere, & à cofté, fans que Perfonne foit dans la Selle ; ce qui m'a jamais efté conneu, ni veu auparavant.

Des que le Cheval va parfaitement de cette maniere, Montez-le alors, ayant tous-jours la Refne attachée fort court, & le faitez Aller, en toutes chofes comme auparavant : Vous le pourrez auffi faire Aller en tous les autres *Airs,* de la mefme façon.

Com-

Comment il faut *Dresser* les Chevaux en *Courbettes* sans *Pilier*, qui est la *Voyë* la plus assurée.

AVant que de *Travailler* aucun Cheval en
Courbettes, il le faut parfaitement bien Lever en *Pesates*, & l'Arrester sur la Main, se servant continuellement du *Cavesson*, & cela ce doit
faire en avant, & point du tout sur les *Cercles*
au commencement : Pour le faire en suite Aller
en *Courbettes*, il faut attacher la Resne du *Cavesson*, qui n'est pas du costè de la *Muraille*,
pour faire qu'il tiene cette Jambe de derriere proche de l'autre qui est du costè de la *Muraille*, &
c'est ainsi qu'il faut commencer par deux ou trois
Courbettes, & puis le faire aller le *grand-Pas*, a-
pres quoy il le faut faire aller derechef en *Courbettes*, & des que vous le sentez à la Main, &
qu'il va, de cette maniere, en avant, vous pouvez vous assurer, qu'un tel Cheval sera bien tost
Dressé ; mais s'il va trop en avant, faitez luy faire

des

des *Courbettes en une Place*, Reculez-le, & aprez faitez-luy encore faire des *Courbettes*.

Ayant l'Eſpaule gauche vers la *Muraille*, il faut attacher la Reſne droite du *Caveſſon* au Pommeau ; ce qui ne tient pas ſeulement en arrierre la Jambe de derriere, du meſme coſté que la Reſne du *Caveſſon* eſt attachée ; Mais luy rend auſſi les Eſpaules ſouples, & les prepare ; Et il n'y a rien de meilleur pour aller ſur les *Voltes*, à Main droite.

Voſtre Eſpaule droite eſtant vers la *Muraille*, il vous faut attacher la Reſne gauche du *Caveſſon* au Pommeau, pour les meſmes Raiſons que je viens de dire, & ceci le prepare, & le faira aller ſur les *Voltes* à gauche, qui eſt la meilleure Leçon de toutes, au commencement.

Il y a une autre excellente Leçon pour les *Courbettes*, qui eſt d'atacher la Reſne droite du *Caveſſon* au Pommeau, & faire aller le Cheval à Main gauche, ayant la Jambe & la Reſne du meſme coſté, comme s'il avoit la Teſte au *Pilier*, & le Lever ainſi en *Courbettes*, deux ou trois fois, la Croupe en dehors ; apres quoy il le faut faire aller le *Pas*, & puis en *Courbettes*, ce qui tient en dehors la Jambe interieure de derriere, & l'Aſſouplit ainſi à la Main, & au Talon ; Et bien qu'il Aille a Main gauche, il eſt Aſſouply pour la Droite.

A la Main gauche, c'eſt tout la meſme choſe ; Il faut attacher la Reſne gauche du *Caveſſon* au Pommeau, Aller à la Main droite, la Croupe en dehors, & *Ayder* de la Reſne, & de la Jambe du meſme coſté ; Faiſant comme celà en toutes choſes, le Cheval ne fera jamais *Entier*, & ſera extrememement Souple à la Main, & au Talon.

Pour le mettre aux *Coubettes* ſur les *Voltes*, il faut auſſi que la Reſne de dedans du *Caveſſon* ſoit attachée au Pommeau, & que la Croupe ne ſoit pas trop en dedans, mais bien plus-toſt *d'une Piſte*, pour l'inſtruire ; car le tout conciſte à tenir en dehors la Jambe interieure de derriere : *Aydez*-le un peu de la Reſne de dehors de la *Bride*, faitez-le Aller trois ou quatre fois en *Courbettes*, puis au *Pas*, & derechef en

Cour-

Courbettes, diminuant le _Pas_, & augmentant les _Courbettes_, Juſques à ce qu'il faſſe un _Tour entier_ en _Courbettes_; Eſtant parfait laiſſez-le Aller ſur les _Voltes_ en _Biais_, en _Courbettes_, qui eſt la perfection des _Voltes_: En _Courbettes_, il faut tous-jours _Ayder_ de la Reſne de dehors, non ſeulement pour le tenir Eſlevé, mais auſſi pour luy donner le _Ply_, & le faire aller en _Biais_, ſans l'_Ayder_ des Jambes en aucune façon.

Si vous touvez qu'il ſe haſte trop, Levez-le bien haut en _Peſates_, tenez-le ſur la Main, & l'_Aydez_ de la _Houſſine_ ſur les Eſpaules, & ſur les Jambes, pour les luy faire _Plier_, qui eſt la ſeule Grace de toutes ſortes d'_Airs_; Le Travaillant ainſi ſur les _Voltes_, ſoit d'_une Piſte_, ou la Croupe en dedans aux _Peſates_, le faira aller en _Courbettes_ à merveilles.

Pour faire aller un Cheval en _Courbettes_ de coſté, _Aydez_-le ſeulement de la _Bride_, & mettez-luy la Teſte à la _Muraille_; A la Main droite, il faut _Ayder_ de la Reſne de dehors, & le laiſſer aller en _Biais_, c'eſt à dire les Eſpaules avant la

Hh hh 2

Croupe;

Croupe ; luy faire faire trois ou quatre *Cour-bettes* en *Biais*, & puis le mettre au *Pas*, auſſi en *Biais*, & derechef en *Courbettes* en *Biais*; ce qu'il faut reïterer ſouvant, & diminuer peu à peu le *Pas*, & augmenter les *Courbettes*, juſques à ce qu'il n'aille qu'en *Courbettes*, ce qu'il faira en peu de temps, & parfaitement.

A la Main gauche, le Cheval eſtant en *Biais*, & vous ſervant de la Reſne de dehors, il vous faut faire, en tout & par tout, la meſme choſe que je viens d'enſeigner pour la Main droite, & il ira bien-toſt en *Biais*, en perfection.

Pour faire qu'un Cheval aille en *Courbettes* en arriere, il le faut Reculer, & en ſuite luy faire faire trois ou quatre *Courbettes* en un meſme lieu, puis le Reculer derechef, & apres celà luy faire faire encore des *Courbettes* en une meſme place, & en diminuant peu à peu le Reculer, & aug-mentant les *Courbettes*, il ira enfin en *Courbettes* en arriere tres-parfaitement.

Pour le faire aller en avant en *Courbettes*, il le faut *Ayder* de la Reſne qui eſt du coſté de là *Muraille*, affin de l'Eſlargir par devant, & l'Eſtreſſir

par

par derriere ; parce que ce ſont les Parties de devant qui conduiſent, & ſont ſuivies de celles de
derriere, pour garder le Terrain que celles de devant ont gagné ; les Parties de devant eſtant
en liberté, & celles de derriere preſſées.

Pour aller en *Courbettes* en arriere, il faut
tous-jours *Ayder* de la Reſne qui eſt du coſté
de la *Muraille*, affin d'Eſtreſſir le Cheval par devant, & l'Eſlargir par derriere, pour y eſtre en
liberté ; parceque les Parties de derriere conduiſent, & ſont ſuivies de celles de devant, pour
occuper le Terrain que celles de derriere ont
gagné ; les Parties de derriere eſtant en liberté,
& celles de devant preſſées : Vous devez avoir
la Main baſſe, affin que le Cheval n'aille trop
haut, & le Corps un peu avancé, pour donner
liberté aux Parties de derriere de conduire, &
il ne faut nullement *Ayder* des Jambes, mais bien
de la Main, à chaque temps, pour le faire Reculer quand il va à terre.

Pour aller en *Courbettes* de coſté, vous *Ayderez*
le Cheval de la Reſne & de la Jambe de dehors ;
c'eſt à dire qu'il faut tirer la Reſne qui eſt du

I iii   coſté

cofté qu'il va, quel qu'il foit, & vous fervir de la Jambe de l'autre coftè, qui eft la vrayé *Methode* pour aller en *Courbettes* de coftè.

Sçachant comment il faut *Ayder* le Cheval en avant, en arriere, & des deux coftès en *Courbettes*, mettez tout celà enfemble, & vous luy fairez faire la *Croix* fans aucune difficultè.

Il faut faire la *Sarabande* en *Courbettes*, avec la Refne de dehors, qu'il faut tirer tantoft d'un coftè, tantoft de l'autre, à chaque *Courbette*, *Aydant* feulement de la Main, & l'Efpaule de dehors la fuivant, & nullement de la Jambe.

Tous les *Airs* doivent eftre prompts en quittant la Terre, & arreftez à la Main; c'eft à dire, qu'il faut *Soutenir* le Cheval, & le tenir là tout doucement, l'*Aydant*, à chaque fois, de la Main, qui doit eftre ferme, & legiere.

Quand le Cheval abat la Main c'eft figne qu'il n'obeit pas la Gourmette, & il le faut alors Eflever bien haut en *Pefates*, & le tenir eflevè, car celà la luy faira obeir, & fi celà ne le fait point, Galopez-le, en ligne droite, le long d'une *Muraille*, ou ailleurs, & à la fin du *Galop*, arreftez-

reſtez-le à la Main, & le faitez aller en *Courbettes*; Ou bien au *Petit-Galop* en avant; Ar-
reſte-lez, & l'Eſlevez apres bien haut, trois ou
quatre *Peſates*, le tenant quelque temps ainſi
hauſé; & ſi celà ne le corrige point, *Trotez*-le,
donnez-luy des *Arrets* un peu rudes, & le faitez
Reculer : *Galopez*-le auſſi ſur les meſmes Cercles
d'*une Piſte*, Arreſtez-le, & le Reculez, ce qui
ne manquera pas, je vous en aſſure, de le mettre
bien à la Main; Ayez les Eſtriers d'une eſgale
longueur (ſi ce n'eſt que vous ayez une Jambe
plus longue que l'autre) & plus-toſt d'un trou
trop courts, que trop longs, & en ſorte, que
vous puiſſiez tous-jours vous Aſſeoir bien droit :
Il ne faut donc pas qu'ils ſoient ſi courts que ſont
ceux des *Italiens*, & des *Eſpagnols*, mais bien
proportionez de telle façon, que vous ſoyez aſſis
ſur la Fourcheure, & tout droit ſur les Eſtriers.

                         La

La vrayë Methode pour aller en *Courbette.*

L'Affiete doit eftre juftement comme au *Terre à Terre*, mais non pas tout à fait fi roide, ni fi oblique, & la Main de la *Bride* efgale au Col, & le Poignet vers le Col, à quelque Main que le Cheval aille : Il faut que la Main foit tous-jours efgale avec le Col, & plus haute que le Pommeau de deux ou trois doigts, & tant foit peu avancée, fans fe fervir d'aucune autre *Ayde* que de *Soutenir*, felon le temps du Cheval, car chaque Cheval prend le fien.

Il doit eftre prompt à s'Eflever de Terre, & il le faut Arrefter en l'Air fur la Main, avançant tous-jours le Corps à ce qui vient vers vous; c'eft à dire qu'il le faut Plier un peu du cofté du Cheval, quand il s'Efleve, & celà fi adroitement, que les Spectateurs n'en puiffent rien apperce-voir.

Soyez Affis auffi avant vers le Pommeau que vous pourrez, fe tenant pourtant droit, & ayant

les

les cuiſſes & les Genoux comme s'ils eſtoient co-
ʝez à la Selle, la pointe du Pied en bas, affin
d'eſtre laſche aux Jarrets ; c'eſt à dire, qu'il faut
que les Nerfs ſoient laſches en bas des Genoux,
& fermes au deſſus, & il ne faut point toucher
le Cheval ni l'*Ayder* des Jambes, mais il luy faut
laiſſer la Croupe libre, pour ſuivre les Parties
de devant, qui conduiſſent.

Car quand le Cheval eſt entre deux Pilliers,
ou à un ſeul, ſelon ma *Methode,* & Perſonne
deſſus, il ne laiſſe pas d'Aller tres-juſtement, quoy
qu'il n'y ayt point alors des Jambes pour l'*Ayder,*
c'eſt pourquoy il ne le faut point du tout *Ayder*
des Jambes; car ſi vous l'*Aydeʒ* de la Jambe de
dehors, il croit devoir aller *Terre à Terre* ; &
s'il va en *Courbettes,* il va de travers, & s'Appuyë en dehors : Mais ſi vous l'*Aydeʒ* de la
Jambe de dedans, il met la Croupe en dehors,
& s'Appuyë tout à fait en dedans : Que ſi vous
Aydeʒ des deux Jambes, celà le Preſſe trop, &
luy fait aller ſes temps trop viſte ; deſorte que la
vrayë *Methode* eſt de n'*Ayder* point du tout des
Jambes.

K k k k   Ceci

Ceci ſe doit entendre à l'eſgard des Chevaux qui ſont desja parfaits ; Mais á ceux qui mettent la Croupe trop en dedans, il la leur faut faire ſortir avec la Jambe de dehors ; Souvenez vous, qu'il faut qu'ils aillent en *Biais*, ſur les *Cercles*, & que les Parties de devant conduiſent, ce qui eſt Oblique, & il n'y a point de plus exacte *Methode* pour aller en *Courbettes*.

Des *Courbettes* ſur les *Voltes*

E T

Comment *Changer* ſur icelles.

IL faut eſtre Aſſis tout droit, & un peu oblique ; Ne faut point du tout *Ayder* des Jambes, juſques à ce qu'on Change ; Il faut avoir la pointe des Pieds baſſe, pour relaſcher les Nerfs ; & la Main eſgale avec le Col ; Il faut ſeulement *Soutenir*, & n'*Ayder* pas, à chaque

fois,

fois, ſelon les meſures de *Muſique*, ains ſelon le *Temps* du Cheval, qui eſt different, ſelon l'inclination des Chevaux, bien que tous les *Airs* doivent avoir beaucoup de promptitude en s'Eſlevant de Terre, & qu'il faut Arreſter le Cheval ſur la Main, & *Ayder* de la *Houſſine*, à temps, de quel coſté du Col qu'il vous plaira, ſelon les Occaſions : Quand le Chevel va ainſi en *Courbettes* ſur les *Voltes*, á Main droite ; ſi vous le voulez *Changer*, approchez de luy, tout doucement, la Jambe droite, & puis tenez-le un peu en haut avec la Main, du coſté de dedans du Col, le Poignet eſtant tous-jours vers le Col, de quelle Main que vous Alliez ; Et des qu'il eſt *Changé*, retirez alors voſtre Jambe droite, & n'*Aydez* point du tout des Jambes ; Car il ne faut que Peſer un peu davantage du coſté de dehors.

Eſtant á Main gauche, quand vous voulez *Changer*, joignez doucement la Jambe gauche au Cheval, & tenez-le en haut, de la Main, pour un peu de temps, du coſté de dedans de la *Volte*, puis oſtez voſtre Jambe gauche, & n'*Aydez* point

K k k k 2　　des

des Jambes en aucune façon :   La Raison pourquoy je commence ainsi (en *Changeant*) avec la
Jambe, & non avec la Main, est, parce que si je
commençois avec la Main, le Cheval s'Areste-
roit, & si je tournois la Main, la Croupe sorti-
roit, & seroit perduë, ce qui me fait commencer avec la Jambe;   Mais incontinent apres, je
le tiens Essevé de la Main, & celà se faisant quasi en mesme temps, il est impossible que Personne s'en apperçoive :   Si les Espaules n'entrent
pas assez, il vous faut tourner la Main, pour
Ayder de la Resne de dehors; ce qu'il faut faire
tres-delicatement, & avec tout autant d'*Art*
qu'il est possible, en quoy conciste la Quintessence de *Changer* en *Courbettes* sur les *Voltes :*
Il faut faire la mesme chose aux *Demi-Voltes*, &
se servir des mesmes *Aydes*, qui servent aussi aux
Mes-Airs.

La *Courbette* est un *Air* qui ne convient
point aux Chevaux qui retienent leur *Force*, ou
sont *Paresseux*, & presque *Restifs :* Les Chevaux
aussi qui ont beaucoup de *Fougue*, & sont fort
Impatients, ne sont nullement Propes pour les
Cour-

Courbettes, Mes-Airs, & *Sauts,* & s'accomode-
ront mieux a Aller ſur le *Terrain* ; car les
Airs leur augmentent la *Fougue,* & leur font
perdre la Meſmoire, & l'Obeiſſance.

Je ſouhaiterois que la première Leçon, touchant les *Courbettes,* ſe fiſt en Eſlevant le
Cheval tout doucement aſſer haut en avant, ce
qui s'appelle *Peſates* ; Car celà luy donne (un
fort long temps avant qu'il mette les Jambes
de devant à Terre) moyen d'aſſurer les Hanches, d'affermir la Teſte, de *Plier* les Jambes de
devant, & de le divertir de toute ſorte d'apre-
henſions, & inquietudes ; Et l'empeſchera auſſi
de *Trepigner.*

LIII   *Leçons*

Leçons tres-exactes pour *Dreſſer*

LES

S A V T E V R S.

FAitez aller le Cheval en *Paſſager* en evant, & puis faitez-luy faire un *Saut*, & le Levez des auſſi toſt bien haut, une ou deux *Peſates*; Arreſtez-le, & le tenez ſur la Main, & ainſi en augmentant les *Sauts*, & diminuant les *Peſates*, il deviendra peu à peu bon *Sauteur:* Eſtant parfait ſur la *Ligne* droite en avant, ill le faut mettre ſur les *Voltes*, ou *Cercles*, qui doivent eſtre un peu larges, au commencement, & continuer la meſme *Methode.*

Vous vous ſouviendrez, de l'*Ayder*, en le Levant pour *Sauter*, d'un ou deux coups de *Houſſine*, ſur le derriere, ou davantage, ſi vous le jugez à propos, pourveu que ce ſoit à Temps, qui eſt lors que le Cheval eſt *Levé*, & faitez en ſorte que les *Peſates* ſoient tous-jours hautes, apres qu'il a *Sauté.*

Sou-

Souvenez vous aſſi d'eſtre *Aſſis* bien droit, ayant les Eſtriers pluſtot courts d'un trou, ou environ, que longs ; Car s'ils eſtoient trop court, vous pourriez eſtre jetté hors de la Selle, & s'ils eſtoient trop longs, celà vous mettroit en deſordre, & vous fairoit perdre les Eſtriers : Ayez la pointe du Pied baſſe, affin de laſcher les Nerfs, depuis les Genoux en bas ; Car autrement le Cheval ſe pouſeroit trop en avant, & un *Sauteur* ne doit jamais Aller en avant plus d'un *Pied & demi*, tout au plus ; Quand vous le Levez, avancez, en meſme temps, la Poitrine, ce qui fait un peu Reculer les Eſpaules, & ſi inſenſiblement, que les Spectatures ne le ſçauroit appercevoir ; Car ſi vous ne le faitez, lors qu'il ſe Leve, il ſera trop tard, quand il Ruë, ou leve la Croupe.

Il faut que je vous diſe encore une fois, que vouz ayez les Genoux, & les cuiſſes, comme s'ils eſtoient colez à la Selle, & qu'il vous faut *Ayder*, de la Main de la *Bride*, la Reſne de dehors, pour faire entrer l'Eſpaule de dehors, Eſtreſſir le Cheval par devant, & l'Eſlargir par derriere ; le

LIll 2   Preſſer

Preſſer du coſté de dedans de la *Volte*, & luy donner Liberté du coſté de dehors, affin que la Croupe puiſſe ſortir, & eſtre libre, eſtant impoſſible qu'il *Saute*, lors que la Croupe n'a point de liberté; c'eſt pourquy il ſe faut ſervir de la Reſne de dehors en toutes ſortes de *Sauts*, ſoit en avant, ou ſur des *Cercles*.

C'eſt icy qu'il faut que je vous apprene un *Secret* de la Main, touchant les *Sauteurs*, qui conciſte en ceci : La *Bride* eſtant un peu plus longue qu'à l'ordinaire, Levez le Cheval, & à chaque fois que vous le Levez, avancez un peu la Main, pour *Soutenir*, & tenez-le là ſur la Main, comme s'il eſtoit ſuſpendu en l'Air; *Aydez*-le ainſi à chaque *Saut*, & prenez voſtre Temps, comme on prend une Baſle au Bond.

Toutes ſortes de *Sauts* ſe font ſur la Main, & point autrement; ce'ſt purquoy il faut prendre garde, que le Cheval ſoit mis à la Main, avant d'entreprendre de le faire *Sauter*, ni ayant rien qui gaſte davantage la Bouche des Chevaux, que font les *Sauts*: *Le Pas-le Saut* ſe fait de la meſme maniere, & voilà l'entiere *Methode* pour *Dreſſer* les *Sauteurs*. *Remarque*

Remarque fort neceſſaire pour bien *Monter* à
C H A V A L.

IL n'y a Perſonne qui puiſſe eſtre bon *Homme
de Cheval*, s'il n'ayme l'Harmonie ; parce que
tous les Chevaux vont, en un certain Temps,
(comme on bat la Meſure en Muſique) quoy
qu'il ſoit bien different , les uns allant viſte, &
les autres lentement : Et deplus, tout de meſme
qu'il eſt impoſſible de joüer ſur un Luth, ſi à
l'inſtant qu'on met les Doigts de la Main gauche
ſur les Cordes, on ne touche les meſmes cordes
de la Main droite ; Auſſi faut-il, en Montant à
Cheval, fraper du Talon, ou du Gras de la
Jambe, tout ce qu'on touche, ou *Ayde* de la
Main ; c'eſt pourquoy la Main & le Talon d'un
bon Eſcuier vont tous-jours enſemble, comme
font les deux Mains d'un bon Joüeur de Luth.

Fin de la Troiſieſme Partië.

Mmmm   *Quatrieſme*

QUATRIESME
PARTIE
Contenant toutes les
FAUTES, & VICES
DES
CHEVAUX au *MANEGE*
ET LES
Moyens de les Corriger.

Uesque faute que les Chevaux puiſſent commettre, il faut de neceſſité qu'elle ſoit aux Eſpaules, ou à la Croupe, devant ou derriere ; c'eſt à dire qu'ils deſobeiſſent à la Main, ou au Talon.

Pourveu que vous *Travailliez* les Chevaux, comme je l'ay enseigné en mes premieres *Leçons*, il n'y en aura aucun qui desviene *Entier*, & qu'on ne fasse *Tourner*; Car on appelle un Cheval *Entier*, lors qu'il met la Croupe en dedans, & les Espaules en dehors, & mes *Leçons*, font mettre la Croupe en dehors, & les Espaules en dedans, qui est tout le contraire; desorte qu'Assoupliʃʃant ainsi les Espaules des Chevaux, ils ne peuvent jamais estre *Entiers*, qui est certainement un defaut de la roideur des Espaules, plus que de la Croupe, que ces *Leçons* corrigent: Mais s'il arrivoit, que quelque Cheval feut extrement obstiné, tirez, avec force, la Resne de dedans du *Caveʃʃon* vers vous, & donnez luy de l'Esperon du costé de dedans, & celà le corrigera.

Si le Cheval n'obeit point au Talon, ains met la Croupe en dehors, il le faut corriger, en luy mettant la **Teste** vers la *Muraille*, & se servant de la Resne & de la Jambe, qui font aux Costez contraires; mais si celà ne suffit pas, mettez-le sur les *Cercles*, luy eslognant la **Teste** de la *Volte*,

&

& l'*Aydez* de la Jambe de dehors, luy donnant de l'Eſperon, s'il en eſt beſoin; apres quoy mettez voſtre Eſpaule interieure en dedans, ce qui luy fait entrer la Croupe; Mais l'Allure des Jambes eſt fauſſe; Et ſi ceci ne ſuffit point encore, tirez alors la Reſne de dehors du *Caveſſon* vers la *Volte*, ce qui luy mettra infailliblement la Croupe en dedans, mais l'Allure des Jambes ſera encore plus fauſſe que l'autre; parceque maintenant vous les tirez en ſorte, qu'il Regarde hors de la *Volte*, la Croupe devant les Eſpaules, & par conſequent les Jambes ne peuvent aller comme il faut; Il arrive ſouvant que ce qui eſt bon pour l'Eſtomach fait mal au Foyë, & il eſt impoſſible de Remedier à tout à la fois, c'eſt pourquoy ayant corrigé le *Vice*, il faut reprendre la vrayë *Methode* de le bien Monter.

Quandun Cheval va faux au *Terre à Terre*, en mettant les Eſpaules trop en dedans, & prenant trop de Terrain du Devant, ill n'y a rien qui l'en corrige mieux, que d'ataſcher la Reſne de dedans du *Caveſſon*, auſſi ſerré qu'on peut,

Nnnn   au

au Pommeau ; Car il n'a pas alors tant d'espace
pour faire entrer les Espaules, quoy qu'il paroisse autrement ; mais il fait, sans doubte, ainsi les
Pas plus courts, prend moins de *Terrain*, & est
corrigé.

Pour *Travailler*, avec la *Bride* seule, les Chevaux,
qui ont le *Vice*, d'amener trop en dedans
l'Espaule de dehors.

CE *Vice* provient, de ce que le Cheval
n'Obeit pas la Main, & le Talon, & la
Main le moins ; car il n'y a point de Cheval
qui puisse trop mettre les Espaules en dedans,
sans faire sortir la Croupe, venir dans la *Volte*,
& garder le *Terrain*, & s'il se Leve trop haut,
il en a tant plus de Liberté d'amener en dedans
l'Espaule de dehors : Le vray moyen donc de
corriger ce *Vice*, est de tenir le Cheval en bas,
& de le faire Aller en avant, comme il faut, &

des

des Jambes, & du Corps, vous tenant aſſis en une bonne poſture, & vous ſervant des vrayës *Aydes* du *Terre a Terre,* que je vous ay cy-devant enſeignées.

Pour donc le bien Corriger, il vous faut eſtre Aſſis obliquement, comme je vous ay deſia monſtré, & tirer la Reſne de dedans, ayant la Main du coſté de dehors du Col, & le Poignet vers le Col; Et pour empeſcher qu'il ne ſe Leve trop haut, il le faut tenir en bas, en ayant la Main de la *Bride* auſſi baſſe que le Col, ce qui le tiendra en bas, & ne pouvant entrer ſi avant, ce *Vice* eſt à moitié corrigé.

Pour faire auſſi qu'il n'entre point du tout, dautant qu'il entre, faute d'Aller en avant, il faut *Ayder* des deux Jambes, pour le faire Aller en avant; Car comme la Jambe de dehors tient la Croupe en dedans, celle de dedans le pouſſe en avant; de ſorte que la Main baſſe le tenant en bas, & les deux Jambes le pouſſant en avant, il eſt tout à fait corrigé, avec des vrayës *Aydes,* & va, comme il faut.

Nnnn 2　　J'ay

J'ay fourvant essayé cette maniere, que je trouve fort bonne, & quoy que les autres *Aydes* puissent faire la mesme chose, elles sont pourtant fausses, tant à l'esgard de l'*Assiete* du Cavalier, que des *Allures* du Cheval; ce qui m'oblige de ne point parler des autres, dont ie ne voudrois pas que vous vous servissiez: Mais parce que ce *Vice* pourroit fixer la Croupe du Cheval, de luy faire faire, quelque fois, des *Voltes*, pourra estre utile.

REMARQUES.

ILy a plusieurs Chevaux, qui, bien qu'ils ne puissent que *Trotter*, estant Pressez au Manege, vont souvant un *Amble* confus, & par fois un *Amble* tres-parfait, qui est la pire de toutes les actions qui se puissent faire au *Manege*, & pour les empescher de la faire, il n'y a rien de meilleur, que de leur tirer la Teste en dedans de

la

la *Volte*, autant qu'il eſt poſſible, & de les mettre ſur des *Cercles* auſſi eſtroits que vous pourrez ; Vous les en deſtournerez auſſi, en leur
donnant de bons coups d'Eſperon. Il y a pluſieurs Chevaux bien forts qui *Amblent* eſtant
Preſſez au *Manege* ; Mais le plus ſouvent c'eſt
par foibleſſe, ou naturelle, ou de laſſitude : Tous
les Poulains vont l'*Amble* des qu'ils ſont nais,
parce qu'ils ſont foibles, & ayant acquis un peu
de force ils *Trottent*.

Quantité de Chevaux levent la Teſte à toutes les fois qu'ils ſont Preſſez, pour eſviter (comme il y a apparence) l'incomodité d'eſtre mis
ſur les Hanches, car en levant la Teſte ils ne ſont
plus ſur les Hanches : Pour remedier à cet inconvenient, attachez le *Caveſſon* au Pommeau
ſelon ma *Methode*, car cela abaiſſe la Teſte, & les
met ſur les Hanches, ce qu'ils taſchent d'eſviter,
en ſortant la Croupe ; au quel cas il leur faut
donner de l'Eſperon de ce coſté là juſques à ce
qu'ils Obeiſſent : Il peut aſſi arriver, que les
Chevaux levent la Teſte par ſecouſſes, parce
qu'ils n'Obeiſſent pas à la Gourmette, & alors

Oooo   il

il les faut *Trotter*, & les *Arrester*; puis les *Galoper*, & les *Arrester*, & *Reculer*, ce qu'il faut faire sur les Espaules, & vous les corrigerez sans doubte.

Toutes fois & quantes qu'un Cheval va trop du Dos, & fait de mauvais *Sauts* hors de temps, il n'y a point de meilleur moyen de l'en empescher, que de le bien tenir ferme à la Main; car la Main estant lasche luy donne liberté de *Sauter*, & estant bien ferme l'en empeschera infailliblement.

Quand un Cheval est accoustumé d'aller bas en *Courbettes*, & qu'à force de repos, estant Monté rarement, il va trop du Dos, il n'y a rien qui l'en puisse mieux destourner, que de luy mettre en dedans, la Croupe, & la Hanche de dehors; car celà luy Assujetit si fort les Parties de derriere, qu'il ne peut s'Acroupir, ni aller du Dos; Mais avant que d'en venir là, il est fort utile de le *Galoper* sur des *Cercles* larges, *d'une Piste*, jusques à ce que vous luy ayez abatu l'Eschine, & qu'il n'aille plus du Dos, & alors mettez-luy en dedans la Hanche de dehors, pour

luy

luy Aſſujetir derechef la Croupe, affin qu'il aille
ſur les Hanches, & non pas du Dos : Car il n'y
a rien qui mette davantage les Chevaux ſur les
Hanches, que le *Caveſſon*, à ma mode, attaché
au Pommeau, & de les Preſſer du coſté de dehors de la *Volte*, affin qu'ils puiſſent s'Appuyer
du coſté de dehors, c'ſt à dire ſur la Jambe exterieure de derriere, & celà ce fait avec la Reſne
de dedans, en croiſant le Col, ou attachée au
Pommeau, pour mettre le Cheval du coſté de
dehors.

 Quand un Cheval ne *Trotte* pas comme il faut,
ains ſe brouille entre un faux *Trot*, & un faux
Galop, attachez alors la Reſne de dedans du *Caveſſon*, bien ſerrée, au Pommeau, & mettez-luy
bien fort la Croupe en dehors, ſur des *Cercles*
larges ; & s'il continue à falſifier ſon Allure,
donnez-luy de l'Eſperon dans la *Volte*, ou des deux,
bien vertement, & Arreſtez-le à propos, & celà
le faira, infailliblement, bien *Trotter*, ou *Galoper*,
comme il faut.

DES
CHEVAUX *RETIFS*.

UN Cheval qui ne veut point Aller en avant est *Retif*, il le faut donc Tirer en arriere, & il Ira en avant, ce qui ne manque que rarement; Mais s'il manque, servez vous alors des Esperons à bon escient, & quoy qu'il reciste quelque temps, les Esperons le persuaderont en fin, estant, sans doubte, les meilleurs *Arguments* dont vous vous puissiez servir, si vous les luy donnez vertement, & à temps, & continuez jusques à ce qu'il acquiesse; ce qu'il faira assurement à la fin : Tous autres moyens sont ridicules, & les vieux Autheurs s'y sont tous extremement trompez.

Ne manquez pas aussi de vous servir des Esperons, pour corriger les Chevaux qui sont *Retenus*, *Paresseux*, & vont *à contre caeur*; car ils sont tous, en quelque façon, *Retifs*.

Les Esperons sont encore fort propes à corriger

ger les Chevaux qui ſe couchent à Terre, ou dans l'Eau, qui Mordent, ou Ruent ; Mais quant à ces Chevaux, qui, en Mordant & Ruant, mettent en danger ceux qui aprochent d'eux, il n'y a point de meilleur Remede, que de les *Chaſtrer* ; & je vous aſſure qu'il eſt ſi difficile de corriger ces ſortes de Chevaux, qu'il y a beaucoup de danger de les garder, & ſur tout s'ils ont eſté gaſtez, & rendus vicieux, en eſtant mal Montez : Car l'ignorance des Eſcuyers fait plus de Chevaux vicieux, que ne fait la Nature.

DES

CHEVAUX qu'on ne peut *RETENIR.*

POur ces ſortes de Chevaux, il faut que le Mords ſoit fort doux, & la Gourmette laſche ; le *Caveſſon* doit auſſi eſtre fort ayſé, affin que rien ne bleſſe la Bouche, ni le Nez ; car

Pppp   aſſuaffurement ces eftranges *Caveffons*, & ces horribles *Mords*, dont on fe fervoit jadis, avec des Gourmettes tres-rudes, eftoient caufe qu'il y avoit alors tant de ces fortes de Chevaux qu'on ne peut *Retenir*; parce que ce cruel traitement les mettoit au defefpoir: Il faut auffi avoir la Main legiere, & ne les jamais offencer en aucune façon: Au commencement il les faut faire aller en *Paffager* fans les Arrefter brufquement, ains peu à peu; Il les faut faire aller au *Trot*, & puis en *Paffager* & les Arrefter ainfi infenfiblement, & les Careffer bien fort lors qu'ils Obeiffent : Du *Trot*, il les faut tout doucement mettre au *Galop*, du *Galop* au *Trot*, & du *Trot* au *Paffager*, & là les Arrefter peu à peu, ayant tous-jours la Main fort delicate, ce qui les empefchera de *s'efchaper*.

Plus vous tirerez le *Caveffon*, & plus ces fortes de Chevaux vous reciftent, & vont tant plus vifte, en depit de vous; & plus vous tirez la *Bride*, & les ferrez de la Gourmette, ce qui les bleffe, plus ils tirent à l'encontre, & courent tant plus vifte; car de les Tirer ainfi eft auffi inutile, que fi vous tiriez une Muraille : Mais fi vous

eftez

estez en plaine Campagne, lors qu'un Cheval commence à *s'eschaper*, & courir ainsi, donnez-luy, sans cesse, des Esperons, vertement, & laschez-luy la *Bride*, ne luy donnant nul relache, qu'il ne commence à se vouloir Arrester de luy-mesme: Reïterez celà fort souvent, & j'ose promettre que vous reüssirez; car c'est là l'unique moyen de venir à bout de ces sortes de Chevaux.

Que si vous n'avez pas assez d'espace pour le laisser courir, faitez-le Aller en rond, jusques à ce qu'il soit bien las, luy laschant tous-jours la *Bride*; ou bien attachez-le à un Pilier, avec une corde tres-forte, & il ne pourra alors Aller qu'en rond; Donnez-luy vertement des Esperons, jusques à ce qu'il soit las, & bien ayse de s'Arrester: Celà le corrigera enfin, infalliblement.

DES
Chevaux qui retienent leur Force
ou *s'Arment*.

Quand un Cheval *s'Arme*, il vous le faut *Galoper* fort viſte, & le faire Aller *Terre à Terre*, pour luy faire paſſer ſes Fantacies; car ce ſont des Fantacies, ſemblables à celles des Chevaux *Retifs*, qui cauſent ce *Vice*.

Permettez moy de vous dire, que la plus part de ces defauts des Chevaux ſont fort ſouvant cauſez par l'ignorance des Eſcuyers mal-habiles, ſoit en les corrigeant mal á propos, ou leur laiſſant trop avoir leur volonté; & il n'y a nul doubte, qu'un Cheval naturellement vicieux ſera plus-toſt *Dreſſé*, & rendu Obeiſſant, que ne ſera aucun de ceux qui ont eſté gaſtez, & ſont devenus *Retifs*, pour avoir eſté mal Montez; tant une meſchante *Couſtume* inveterée eſt pire qu'une mauvaiſe *Diſpoſition* naturelle.

Pour

POUR
Donner de l'Aſſurance *aux Chevaux* de Guerre.

DE boucher, avec du *Cotton*, les Oreilles des Chevaux qui craignent le Bruit, eſt une invention fort ridicule ;   car c'eſt vouloir changer ce *Vice*, en *Surdité* ; Mais en oſtant le *Cotton*, ou s'il tombe par hazard, durant le Combat, vous trouverez qu'il eſt auſſi peureux qu'auparavant : Mais, peut eſtre, ſont-ce les Yeux, auſſi bien que les Oreilles, qui en ſont cauſe, & quand un Cheval aura peur du feu qui ſort des Mouſquets, luy voudrez vouz mettre des *Lunettes*, pour le rendre *Aueugle* auſſi bien que *Sourd* ? Tout celà n'eſt que pure badinerie, & le ſeul moyen de les corriger, eſt de les accouſtumer peu à peu à voir le Feu, & ouyr le Bruit des Mouſquets ; leur faire ouŷr les Tambours, & les Trumpetes, & leur faire voir les Enſegnes deſployées, à quoy eſtant accouſtumez, ils ne le

Qqqq   ſouf-

souffriront pas feulement, ains fe rueront, fi vous le voulez, à travers des Piques, & fur les Efpées; car l'Habitude fait tout, auffi bien aux Hommes, qu'aux Chevaux : Il faut auffi accouftumer les Chevaux de Guerre à *Sauter* les Hayes, les Focez, & les Palifades, & à bien Nager, qui font des chofes tout à fait neceffaires à la Guerre.

DES
CHEVAUX VICIEUX.

Quand un Cheval mord fes Efpaules, ou les Jambes de celuy qui le Monte, & fe Leve, & Tourne en rond, preft à fe renverfer; il n'y a point de meilleur Remede que je fçache, que de le Monter fans Caveffon, affin de ne l'offencer que le Moins qu'on peut, & de Serrer la Mufeliere autant qu'il eft poffible; comme auffi d'avoir une autre Mufeliere là ou le Mords eft attaché, & la

Ser-

Serrer ſi fort que le Cheval ne puiſſe point ouvrir
la Bouche ; car ne pouvant plus Mordre, il laiſſera, en peu de temps, ces Tours de *Roſſe :*
Dautant qu'il ſemble que les Eſperons, donnez
mal á propos, ſont cauſe que les Chevaux ſont
Vicieux, & *Retifs*, je conſeille de ne les leur
point donner de long temps, ains les *Trotter* ſeulement ſur des *Cercles* larges, & les faire aller
en *Paſſager* fort paiſiblement ; Et les ayant re-
duits á ce point, vous les pouvez mettre au *Pe-*
tit-Galop, & les toucher, tant ſoit peu, de l'Eſperon, pour les leur faire ſentir ſeulement, ce qui
les corrigera ſans doubte, s'ils ne ſont tout à
fait incorrigibles.

Qqqq 2　　Des

D E S
Trenchefiles & Martingales.

DE se servir de *Trenchefiles* & *Martingales* est entierement inutile à *Dresser* les Chevaux; parce qu'ocupant les deux Mains, vous n'en avez pas une troisiesme pour l'*Espée*; & la Fin de l'*Art de Monter à Cheval* est de les faire Aller avec le *Mords*, avec lequel on les Gouverne de la Main gauche, & de la Droite on peut alors tenir l'*Espée*.

Pour vous faire voir que de se servir des *Trenchefiles* & *Martingales* n'est que perdre son temps, & que celà ne prepare point du tout la Bouche pour le *Mords*, je vous prië de remarquer premierement, que la *Trenchefile* n'a point de *Gourmette*, & ainsi ne peut enseigner aux Chevaux de l'entendre; En second lieu elle n'opere nullement sur les *Barres*, ains seulement sur les *Levres*; A quoy sert donc la *Trenchefille* pour preparer le Cheval au *Mords*, puisqu'elle ne le prepare

nul-

nullement à entendre la *Gourmette*, ni les *Barres*, qui ſont les deux choſes ſur leſquelles le *Mords* opere, & ſans quoy il eſt impoſſibile de jamais *Dreſſer* aucun Cheval : Abaiſez, tant que vous pourrez, la *Teſte* du Cheval, avec la *Trenchefille*, ou *Martingale*, celà ne faira rien aux *Barres*; Le *Bridon* ne fait pas davantage; car la *Trenchefille* n'eſt qu'un grand *Bridon*; Et quant à la *Mortingale*, ſervez vous en auſſi long temps qu'il vous plairra, & le Cheval n'en ſera pas mieux, en aucune façon, lors que vous l'oſterez.

Vous pourrez maintenant eſtre ſatisfaits, que la *Trenchefile* & *Martingale* ſont des ſottiſſes tout à fait inutiles à *Dreſſer* les Chevaux, & ne ſervent de rien qu'a faire perdre le Temps, & à ſe donner beaucoup de peine, pour mettre un pauvre Cheval en deſordre; ce qui me fait eſtonner, qu'il y ait des Eſcuyers de ſi peu d' Eſprit, que de s'en vouloir ſervir.

C'eſt le *Mords*, le *Caveſſon*, & le veritable *Art de Monter à Cheval*, qui ſont, & *Dreſſent* parfaitement les Chevaux, & non la *Trenchefile*,

R r r r

ou

ou *Martingale*; non pas mefme ce dernier avec le Mords, eftant attaché à fes Arches ; car alors la Gourmette n'opere jamais, ni auffi la *Martingale* de la novelle façon, attachée au *Caveffon*, car elle empefche l'effet du *Mords*.

DES

FAUSSES RESNES.

C'Eft *Travailer* les Chevaux à fanx, de le faire avec des fauffes *Refnes* ; qui eftant attachées aux Arches du *Mords*, fi vous les tirez, celà lafche la Gourmette, & ainfi le Cheval ne fera jamais bien affermi, par ce moyen ; & s'il ne fouffre la *Gourmette*, il eft impoffible qu'il foit *Dreffé* ; Vous voyez par là, que les fauffes *Refnes* font que le *Mords* n'eft que comme un *Bridon*.

Il n'y a que le *Caveffon*, & le *Mords*, avec quoy on puiffe Affermir, & *Dreffer* parfaitement

les

les Chevaux, qni eſtant bien mis à la Main, iront ſur les Hanches, & celà ſi ayſement qu'a peyne la Main les ſentira, tant la Bride ſera laſche, & qu'ils iront avec juſteſſe.

Si vous *Travaillez* les Chevaux, comme ce Livre l'enſeigne, vous n'en aurez jamais de vicieux, pourveu que Perſonne ne les ait point *Montez* au-paravant; & eſtant parvenus à cette perfection, difficilement commettront ils aucune faute, ſi vous les *Travillez* comme il faut.

D E S

Foliës de certaines Perſonnes qui penſent ſçavoir faire des Sauteurs.

IL y a des Gens auſſi ignorants que preſumptueux, qui diſent, en ſouſriant, qu' ils fairont des *Sauteurs* de quels Chevaux que ce ſoit, & celà, parce qu'ils les fairont *Sauter* par-deſſus un Baſton (comme on fait faire aux

Rrrr 2   *Singes,*

Singes, & aux *Chiens*) ou par deſſus une Paliſſade, une Hayë, ou un Foſſé ; S'il n'y avoit
que celà à faire, nous aurions beaucoup de *Sauteurs* ; car à peyne y a t'il aucun Cheval, auquel on ne le puiſſe enſeigner avec fort peu
d'Art : Mais ces ſortes de *Sauts* (pauvres Sots
& ignorants que vous eſtez!) ſont tout autre
choſe que ceux qui ſe font au *Manege*.

Aux Chevaux qui *Sautent*, à leur Mode,
par deſſus les Hayes, & les Foſſez, on leur
laſche les Reſnes ſur le Col, & les pouſſe en a-
vant, ce qui ne faira jamais faire un *Saut* de
Manege, ou il faut tenir ferme, & tirer les
Reſnes en haut, & *Ayder*, en meſme temps,
des Talons, s'il en eſt beſoin ; Et ainſi le
Cheval Obeit aux Reſnes & aux Talons, en
meſme temps ; a la Bouche excellente, & a
un bon *Appuy* ſur les Barres, & ſur la Gourmette.

Celuy qui, à la Chaſſe, fait *Sauter* un Cheval
par deſſus une Hayë, ne le fait nullement ſur
les Barres, & ſur la Gourmette, avec ſon
Bridon, qui n'a point de Gourmette, & ne

ſçauroit

ſçauroit agir ſur les Barres, ains ſur les Levres
ſeulement : Et de plus les Chevaux de *Manege*
Sautent en une Place, & non deux ou trois
aulnes en avant.

C'eſt ainſi que les ignorants ſe donnent ſouvent
la liberté de cauſer des choſes qu'ils n'entendent
point ; & il y a eu des Eſcuyers ſi ſots, que
de croire pouvoir faire des *Sauteurs*, en faiſant *Sauter* leurs Chevaux par deſſus des fagots d'Eſpines, qui eſt la meſme choſe que de
Sauter des Hayes : Voila la pure Verité de cés
choſes exactement anatomiſée.

Sſſſ   Des

DES

Chevaux qui vont Incapuciati, *c'eſt*

*à dire, qui s'*Arment *contre*

le Mords.

Nos ſçavants *Autheurs* ſont fort trompez, touchant ce *Vice* (comme ils l'appellent) diſant, qu'un Cheval ne ſe laiſſe pas commender, & eſt rude à la Main, parce que les Branches du *Mords* touchent le Col, ou les Eſpaules, & qu'ainſi vous avez beau tirer, qu'il eſt impoſſibile d'*Ayder* aucunement de la Main; en quoy ils ſe meſprenent horriblement; car j'ay eu des Chevaux, qui s'*Armoit* contre le *Mords* autant qu'il eſtoit poſſible, & ſi eſtoient-ils auſſi ſenſibles à la Main, & auſſi Legiers, qu'on pouvoit deſirer; ce qui fait manifeſtement voir leur erreur: Car quand un Cheval va parfaitement ſur les Hanches, il faut de neceſſité qu'il

ſoit

ſoit legier à la Main, pour fort qu'il s'*Arme*, où aye la Teſte baſſe, & par conſequent ceux qui penſent autrement ſont grandement trompez.

Fin de la quatrieſme Partië.

Sſſ 2   Abregé

ABREGE
De l'ART de MONTER à
CHEVAL.

Il faut Ayder de la Reſne de dehors en toutes ſortes d'Airs.

EN Courbettes il faut *Ayder* de la Reſne de dehors, & ſi le Cheval n'eſt pas aſſez ſur les Hanches, il vous faut *Souſtenir* davantage ; ſans luy donner aucun Temps, ains ſeulement le tenir un peu plus à la Main ; Si la Croupe ſort, il vous luy faut un peu aprocher la Jambe de dehors, & tourner la Main davantage, juſtement au deſſus du Col, en la tournant ſimple-ment, & ſans la mettre en dedans du Col.

Ttt   Vous

Vous *l'Ayderez* de la Refne de dehors, pour luy faire entrer l'Efpaule de dehors; car fi elle n'alloit pas en dedans, il ne pourroit point Tourner fur les *Voltes*; La Croupe eft ainfi un peu en Liberté, ce qui le fait Aller plus ayfement, & plus gayëment, & luy donne Liberté d'Aller tout droit en avant.

Pour Aller en *Biais* il faut, à toutes Mains, *l'Ayder* auffi de la Refne de dehors, & *Souftenir*; c'eft à dire le Tenir ferme, fans luy donner aucun Temps: car le Cheval le prend mieux, que vous ne ne le luy pouvez donner, & il faut *Ayder* de la Jambe de dehors, c'eft à dire, qu'il faut que la Refne & la Jambe foient d'un mefme cofté, & tous-jours en dehors.

Servez-vous de la Refne de dehors, pour le faire Reculer en *Courbettes*, & c'eft icy qu'il luy faut donner un Temps de la Main, à chaque Cadence qu'il fait, ayant la Main plus pres du Corps; non pas pour le Tirer en arriere, ains pour luy donner un Temps, & lors qu'il va à Terre, ce Temps la doit eftre un peu en arriere, mais pas davantage d'un travers de

Doigt :

Doigt : Que voftre Corps foit un peu en avant ;
vos Jambes un peu en arriere ; & ne foyez point
Affis trop roide.

DES
MES-AIRS.

VOus vous fervirez icy des mefmes *Aydes* qu'-
aux *Courbettees*, en toutes chofes ; car la
Croupe eftant dans la *Volte*, fi vous *Aydez* le
Cheval comme je l'ay defia dict (pourveu que
vous le faciez Aller en avant) il ira fort ayfe-
ment, & jufte, tous Chevaux devant tous-jours
Aller en avant ; finon que vous les faciez
Reculer.

                    Des

DES

SAUTS.

IL faut auſſi ſe ſervir icy de la Reſne de dehors, mais il faut *Souſtenir* davantage ; c'eſt à
dire qu'il faut Tenir le Cheval plus ferme, ſans
luy donner aucun Temps, lequel il prendra mieux de luy meſme, le tenant tous-jours eſlevé ;
Ne l'*Aydez* pas non plus des Jambes, mais ſeulement de la Main, & de la *Houſſine* ſous la
Main, en Temps, & le frapant ſur le Trunc de
la Queüe le plus que vous pourrez, pour le
faire *Ruer*, & *Eſparer*.

Servez vous ſur les *Voltes* de la Reſne de
dehors, en mettant la Croupe un peu en dehors,
pour donner liberté au Cheval, qui ſans celà
ne porroit Aller, ayant les Hanches ſujetes ;
car il faut qu'il aille plus au large ſur les *Voltes*,
comme s'il aloit en avant avec grande liberté,
cet Air eſtant extremement forcé.

Des

DES
PASSADES.

VOus vous servirez encore icy de la Resne de dehors, pour faire entrer l'Espaule de dehors, & de mesme aux *Demi-Voltes.*

Il faut faire la mesme chose, avec la Resne de dehors, aux *Pirouettes,* sans tourner la Main du costé de dedans du Col, & tenir le Cheval baissé.

Servez vous aussi de la Resne de dehors au *Galoper de la Main à la Main.*

Vv vv   Du

DU

TERRE à TERRE.

IL se faut servir icy de la Resne de dedans, parce qu'il faut, à present, tenir l'Espaule de dehors en arriere, & donner Liberté à l'Espaule de dedans, affin que le Cheval puisse Regarder dans la *Volte*, se reposer sur les Jambes de dehors, & avoir en Liberté celles de dedans; ce que vous connoistrez par l'inclination du Col au costé de dehors.

Vous devez sçavoir, que la Resne de dehors fait entrer l'Espaule de dehors, Presse le Cheval en dedans, & donne Liberté aux Jambes de dehors, ce qui met la Croupe un peu en dehors.

Servez vous de la Resne de dehors au *Passager*; car si l'Espaule de dehors n'entre point, comment est-ce que le Cheval pourra passer une

Jambe

Jambe ſur l'autre, ce que les Italiens eppellent *Incavelare*, & les François *Paſſager*.

Tout ſe qui met la Croupe en dehors au *Trot*, & au *Galop large*, Travaille les Eſpaules; deſorte que lors que la Croupe ſort (la Jambe & la Reſne eſtant d'un coſté) celà Travaille les Eſpaules, parce que la Jambe de dedans ſort, comme elle fairoit ſur des *Cercles larges*, la Jambe de dedans eſtant travaillee : Cette Methode de Travailler les Eſpaules eſt excellente pour les jeunes Chevaux, ou à commencer d'enſeigner ceux qui n'ont jamais eſté *Dreſſez*; car n'ayant pas les Eſpaules ſouples, il eſt impoſſibile qu'ils aillent; Et deplus celà les empeſche d'eſtre *Entiers*, ou d'avoir ce que les Italiens appellent *Credenza*, c'eſt à dire d'eſtre *Retifs en tournant*, qui eſt le pire de tous les *Vices* qu'un Cheval puiſſe avoir.

          Pour

POUR
TRAVAILLER la *CROUPE.*

LE Cheval ayant la teſte à la *Muraille*, la Jambe, & la Reſne eſtans contraires, Travaillent la Croupe, pourveu que la Reſne de dedans ſoit tirée.

Le Jambe & la Reſne eſtant contraires, & la Croupe en dedans, Travaille la Croupe, ſi vous tirez la Reſne de dedans en croiſant le Col : La Croupe en dedans, la Reſne de dedans tirée ſi fort, du coſté de dehors, que le Col du Cheval ſoit forcé à s'incliner de ce coſté là, Travaille auſſi la Croupe.

En ſa longueur, il faut faire la meſme choſe, & levant le Cheval en *Peſates*, la Croupe en dedans, Travaille auſſi la Croupe, ce qui le met ſur les Hanches, en quoy conciſte tout ce qu'il y à faire.

En Trauaillant la Croupe, il luy faut, de

fois

fois à autre, donner des Esperons, pour les luy faire fuïr; car il n'y obeit jamais qu'il ne les fuïë: Ce n'est pourtant pas un Chastiment, mais seulement un petit coup d'Esperon, qu'on luy peut aussi donner sur des *Cercles larges;* c'est à dire, qu'il peut fuïr les Esperons, & estre sur les Hanches: De toucher delicatement des Esperons peut servir à plusieurs choses; De pousser les Chevaux (comme font les *Voituriers:*) les arrester, & les pousser derechef incontinent apres, leur fait parfaitement bien obeïr le Talon; Er de les arrester, les faire reculer, & les eslever, les met sur les Hanches.

Il faut que vous compreniez, qu'un Cheval ayant deux Jambes derriere, quand la Resne de dehors fait sortir la Jambe interne de derriere, celà Travaille l'Espaule de dehors, la Cruope est en dehors, & il n'est point sur les Hanches; Il est pressé en dedans, & est en liberté au dehors.

Mais la Jambe de dehors estant pressée par la Resne de dedans, & par vostre Jambe de dehors, celà Travaille la Croupe, & le Cheval

X xxx   est

est sur les Hanches; desorte que la Resne de
dehors Travaille les Espaules, celle de dedans
(avec la Jambe de dehors) la Croupe, & met
le Cheval sur les Hanches, & bien davantage si
vous le levez en *Pesates*.

De Travailler les Parties de devant, & celles
de derriere; Presser sur les Jambes au dehors
de la *Volte*, & les mettere en Liberté au dedans; Presser sur les Jambes au dedans de la
Volte, & les mettre en Liberté au dehors; Faire
obeïr la Main & le Talon, & mettre sur les
Hanches, est tout ce qui se peut faire au *Manege*, & ce que j'ay escrit le fait parfaitement.

Jusques à ce que le Cheval soit souple des
Espaules, qu'il s'arreste parfaitement sur le *Trot*,
& qu'il est tres-bien mis à la Main, il est impossible qu'il soit jamais *Dressé*; Le meilleur
moyen de luy assouplir les Espaules, c'est avec le
Cavesson à ma Mode, en tirant la Resne de
dedans à vostre Genouil, ce qui fait entrer l'E-
spaule de dehors; Le *Galop* luy donne un bon
Appuy, Mais il ne le faut jamais *Galoper*, jusques

à

à ce qu'il s'arreſte parfaitement ſur le *Trot*, & qu'il eſt ſi legier qu'il ſe met à *Galoper* de luy meſme : Il faut que l'Arreſt ſur le *Trot* ſoit rude, & ſe faſſe tout d'un coup, & ſur le *Galop* avec deux ou trois *Falcades* ; mais il ne faut jamais Arreſter & Eſlever en meſme temps, mais Arreſter premierement, & Eſlever apres.

Pour Travailler la Croupe, il ſe faut ſervir de la Reſne du *Ceveſſon*, en croiſant le Col, ce qui met le Cheval ſi fort en dehors, que vous pouvez ſentir entrer la Hanche de dehors, & le Col s'encliner du coſté de dehors.

Deſorte que tirant le *Caveſſon* à voſtre Genouil fait entrer l'Eſpaule de dehors, & Aſſouplit les Eſpaules ; Preſſe le Cheval du coſté de dedans, & le met en Liberté du coſté de dehors ; & ainſi tirant la Reſne de dedans du *Caveſſon*, en luy croiſant le Col, Travaille la Croupe ; c'eſt à dire, que la Hanche de dehors eſtant miſe en dedans (la Jambe & la Reſne eſtant contraires) il s'encline tout à fait du coſté de dehors, & cela le rend obeiſſant au Talon, le Preſſe du coſté de dehors, & luy donne Liberté

 dans

dans la *Volte* ; Gardez vous bien de l'arrester, mais approchez luy la Jambe de dehors, car sans cela il ne peut estre sur les Hanches.

Discours tres-necessaire à ceux qui
*veulent bien-*Monter à
Cheval.

IL est tres-certain, que le fondement de tous les *Airs*, & de tout ce qui se fait au *Manege*, est le *Trot*, & l'*Arrest*, ou le *Parer*, en Regardant dans la *Volte* : Un *Arrest* for delicat, sans aucune rudesse, met le Cheval sur les Hanches, & l'affermit à la Main, parce qu'il luy abaisse le devant ; au lieu qu'un *Arrest*, qui est rude, l'Esleve ; & par consequent il n'est point sur les Hanches.

Pour faire que le Cheval Regarde dans la *Volte*, le *Cavesson* estant à ma mode, il faut tirer la Resne de dedans au Genouil, & au delà, ou

bien

bien en bas ; & celà faira entrer l'Espaule de
dehors, & le pliera extrememenr dans la *Volte* ;
luy Assouplira les Espaules, le Pressera dans la
Volte ; & luy laissera les Jambes en Liberté hors
de la *Volte* ; & luy abaissant le devant, fait qu'il
s'arreste comme il faut ; Mais il faut prendre
garde, que l'Espaule de dehors n'entre point,
& ainsi il ne sera jamais *Entier*, qui est le plus
grand *Vice* qu'un Cheval puisse avoir.

La Resne de dedans du *Cavesson*, attachée
au Pommeau, met le Cheval du costé de dehors, & le Presse là, si vostre Jambe de dedans
ne luy fait sortir la Croupe ; c'est pourquoy je
desire, que la Resne de dedans du *Cavesson* soit
attachée en bas aux Sangles, ce qui le Pressera
en dedans, donnera Liberté aux Jambes hors de
la *Volte*, & faira entrer l'Espaule de dehors ; car
estant ainsi attachée aux Sangles, elle a plus de
force que si vous la teniez à la Main, y ayant
plusieurs Chevaux qui vous forceront la Main,
ce qu'ils ne peuvent faire, quand la Resne est
attachée aux Sangles, & en abaissant ainsi le
Cheval, vous l'arrestez fort bien : De le faire

Y y y y   reculer

reculer par fois, eſt un tres excellent moyen pour le mettre ſur les Hanches, le mettre bien à la Main, l'y rendre legier, & le faire avancer.

Il n'y a rien de meilleur pour le *Paſſager*, que d'attacher la Reſne de dedans du *Caveſſon* aux Sangles, ce qui luy fait entrer l'Eſpaule de dehors, & paſſer une Jambe par deſus l'autre, & luy Aſſouplit les Eſpaules.

Les *Peſates*, ou *Poſades*, ſont tres-propres pour mettre un Cheval à la Main, & le preparer pour toute ſorte d'*Airs*; Elles le mettent auſſi ſur les Hanches, & ſont principalement excellentes pour les *Sauteurs*; Et tout celà ſe fait avec la Reſne de dedans du *Caveſſon* attachée aux Sangles;

Il eſt bon, ſur le *Trot*, ou le *Petit-Galop*, de luy donner delicatement des Eſperons, pour les luy faire fuïr, & obeïr; mais, il faut, lorſqu'il ſent l'Eſperon, l'abandonner ſur les Hanches, & non ſur les Eſpaules.

Le *Caveſſon* eſt la choſe du Monde la plus rare pour bien *Dreſſer* les Chevaux, & non ſeulenent

pour

pour leur conserver la Bouche, mais aussi pour leur donner le *Ply*, qui les courbe dans la *Volte*, pour les y faire Regarder, & Travaille l'Espaule de dehors, pour la faire entrer dans la *Volte*, & Assouplir ainsi les Espaules, tant au *Trot*, qu'au *Galop d'une Piste*, ou au *Passager* la Croupe en dedans, ou la Jambe & la Resne d'un costé. Et tout cecy ne se fait que pour Assouplir les Espaules, qui est une des principales choses du *Manege*.

Le *Cavesson* Travaille aussi le Croupe, la Jambe & le Resne estant d'un costé, & la Croupe en dehors, comme si le Cheval estoit attaché au Pilier; ou la Croupe en dedans au *Passager*; ou ayant la Teste à la *Muraille*: Car la Resne & la Jambe n'estant pas d'un mesme costé Travaille la Croupe, mettant le Cheval sur les Hanches, parce que cela le Presse sur les Jambes de dehors, & le rend sujet au Talon, qu'il ne peut esviter; & ainsi la Jambe & la Resne n'estant pas d'un mesme costé Travaille la Croupe; comme estant d'un mesme costé Travaille les Espaules, le Presse en dedans, & luy donne Liberté

en

en dehors; mais n'eſtant pas d'un meſme coſté
le Preſſe en dehors, & luy donne Liberté en
dedans: Je voudrois, que quand la Jambe &
la Reſne ne ſont pas d'un meſme coſté, on tint
la Reſne du *Caveſſon* à la Main, car cela *Ayde*
mieux le Cheval.

Vous voyez maintenant quel pouvoir le *Ca-*
veſſon a de Travailler les Eſpaules, ou la Croupe, & tout ce qui eſt neceſſaire pour bien *Dreſ-*
ſer les Chevaux; deſorte que j'entreprendray de
mieux *Dreſſer* un Cheval, & plus parfaitement,
avec le *Caveſſon* ſans *Mords*, qu' avec le *Mords*
ſans *Caveſſon*; c'eſt pourquoy je vous recommende la *Caveſſon*; mais il vous en faut ſervir
ſolon ma *Methode*, autrement vous ne le trouverez pas fort utile.

Puiſque le *Trot* & l'*Arreſt* ſur le *Trot* ſont
le Fondement de tous les *Airs* du Manege, il
les faut eſtimer beaucoup, & les pratiquer bien
fort; & ne faire rien faire à aucun Cheval, qu'il
ne s'Arreſte premierement tres-bien ſur le *Trot*;
car ſi vous le faites, vous le gaſterez entierement,
& a Jamais.

Quand

Quand de Cheval eſt ſur une *Volte* large *d'une Piſte*, la Croupe en dedans, ou ſur le *Trot*, ſoit que la Croupe ſoit en dedans, ou qu'il aille le long d'une *Muraille*, lors que vous l'Arreſtez, ſoyez ſoigneux de mettre le Corps en arriere, & de tirer vers vous la Main de la Bride; mais non pas trop viſte au commencement; & ne manquez pas de tirer fortement la Reſne de dedans, pour mettre le Cheval du coſté de dehors, ce qui le faira Appuyer ſur la Jambe exterieure de derriere, & le mettra ſur les Hanches; pourveu qu'en meſme temps, vous l'*Aydiez* de la Jambe de dehors, qui le mettra infailliblement ſur les Hanches, en quoy conciſte noſtre principale beſougne, & ce faiſant vous abaiſſerez auſſi la Teſte au Cheval.

Une autre fort profitable Leçon pour mettre les Chevaux sur les Hanches.

POur mettre les Chevaux fur les *Hanches*, il faut attacher la Refne de dedans du *Cavef-fon* aux Sangles, puis les faire aller en *Paffager d'une Pifte*, ou au *Petit-Galop*, la Jambe de dedans vers le Cheval, & prenez bien garde, qu'il ne mette jamais la Croupe en dehors, ni en dedans; car s'il fait l'un ou l'autre, cette *Leçon* n'aura aucun effet; mais s'il ne le fait point, il n'y a rien qui le mette davantage fur les Hanches.

Qu'il

Qu'il eſt tres-neceſſaire, pour bien Dreſſer les Chevaux au Manege, de connoiſtre les differents Effets de la Reſne de dedans du Caveſſon, attachée (ſelon ma Methode) aux Sangles, ou au Pommeau.

LA Reſne de dedans du *Caveſſon*, attachée aux Sangles, Travaille l'Eſpaule de dehors, Preſſe les Jambes dans la *Volte*, & les laiſſe en Liberté dehors.

Il eſt bon de *Trotter*, ou de *Galoper* les Chevaux, au large, ou à l'eſtroit, *d'une Piſte* ; car celà Aſſoupplit les Eſpaules, & la Croupe, eſtant un peu en dehors, met tant plus en dedans l'Eſpaule de dehors.

La Jambe & la Reſne eſtant d'un coſté, la Croupe en dehors, Aſſoupplit auſſi bien fort les Eſpaules.

Celà eſt excellent au *Paſſager*, la Croupe eſtant un peu en dedans, pour pouvoir paſſer

une

une Jambe fur l'autre, dautant que l'Efpaule de dehors entre;   mais fi on preffe la Croupe trop en dedans, ill eft impoffible que le Cheval aille, parce que la Refne, eftant attachée aux Sangles, Travaille l'Efpaule de dehors, & en mettant la Croupe trop en dedans, celà recule l'Efpaule de dehors, & il eft impoffible de faire, tout à la fois, deux chofes diametralement contraires.

Celà eft auffi fort propre au *Petit-Gallop*, la Croupe eftant un peu en dedans, parce qu'il Travaille les Efpaules.

La Refne de dedans, attachée aux Sangles, fait des merveilles aux *Courbettes*, parce que celà fait entrer l'Efpaule de dehors, & par confequent donne un peu de Liberté a la Croupe.

Si, en toutes ces *Leçons*, les Efpaules n'entrent pas affez, il faut tourner un peu la Main de la Bride, ce qui opere fur la Refne de dehors, & par confequent fur l'Efpaule de dehors.

De Travailler ainfi les Efpaules rend les Chevaux dociles, & empefche qu'ils ne devienent jamais *Entiers*.

En attachant la Refne de dedans du *Caveffon*

aux

aux Sangles, celà fait une ligne Oblique dans la *Volte*, & par consequent Travaille l'Espaule de dehors.

La Resne de dedans du *Cavesson*, attachée au Pommeau, fait une ligne Oblique sur le Col, & cette ligne fait reculer l'Espaule de dehors, & avancer celle de dedans ; Presse le Cheval du costé de dehors, & luy donne Liberté aux Jambes dans la *Volte* ; ce qui est extremement propre au *Terre à Terre*, & que personne que moy n'a jamais trouvé ; mais il est tout à fait mauvaix aux *Courbettes*, parce qu'il assujetit trop la Croupe : Il Travaille extremement la Croupe, la Jambe & la Resne estant contraires, la Croupe en dehors, ou au *Passager* la Croupe en dedans, soit en sa longueur, ou un peu plus large, l'eslevant en *Pesates* ; & celà l'assujetit infiniment aux Talons.

Mais cette ligne Oblique, qui va au Pommeau en croisant le Col, n'a pas la mesme force que quand je tiens la Resne à la Main, & la tire vers mon Espaule de dehors, parce que cette ligne est plus longue que l'autre.

A a a a a

La

La Teſte du Cheval eſtant vers la *Muraille*, ſi vous luy voulez Travailler les Eſpaules, il vous faut tirer la Reſne de dedans du *Caveſſon* à voſtre Genouil, & ſi vous luy voulez Travailler la Croupe, tirez alors la meſme Reſne à voſtre Eſpaule de dehors.

Il n'y a nul doubte, que bien que la Reſne de dedans du Caveſſon ſoit attachée au Pomme-au, de *Trotter* ſur des *Cercles* larges, ou *Galoper* au large, ne Travaille les Eſpaules; parce que la Croupe eſtant en dehors, il faut de toute neceſ-ſité que l'Eſpaule de dehors entre.

Sçachant parfaitement ſi les defauts du Che-val, que vous avez entrepris de *Dreſſer*, ſont ou aux Eſpaules, ou à la Croupe, & mettant en execution les excellentes *Leçons* que je viens d'en-ſeigner, vous ne pouvez manquer de reuſſir; mais s'il arrive autrement, blaſmez vous vous-meſme, & non pas mes Preceptes, les-quels vous n'avez pas ſuivis comme il faut.

Es *Corbettes* en avant il faut *Ayder* de la Reſ-ne de dehors, & tenir la Main juſtement au deſ-ſus du Col, ayant le Petit-Doigt tourné en

haut

haut, ce qui tire la Reſne de dehors; & la Main eſtant un peu aunacée Travaille la Croupe; il faut alors *Souſtenir*, c'eſt à dire tenir le Cheval eſlevé: Par ce moyen la Gourmette le pince, & pour l'eſviter le Cheval eſt forcé d'aller ſur les Hanches, qui eſt tout ce que je deſire.

De quelque coſté que les Branches du *Mords* aillent, la Bouche du Cheval va tous-jours au contraire; Vous tirez la Bride, & cela tire les Branches en haut, & la Bouche va en bas, ce qui met le Cheval ſur les Hanches, eſtant impoſſible qu'aucun Cheval ſoit ſur les Hanches, tandis qu'il a la Teſte en haut.

Voila la vrayë maniere qu'il faut obſerver aux *Courbettes*; & en toutes ſortes *d'Airs*, il faut tous-jours *Ayder* de la Reſne de dehors, & ne jamais donner le Temps de la Main, mais ſeulement *Souſtenir*, c'eſt à dire, tenir le Cheval eſlevé; car il prendra, de luy meſme, un meilleur Temps, que vous ne luy ſçauriez donner: Mais il faut, en reculant, l'*Ayder* à chaque Temps, de la Reſne de dehors, ayant voſtre Corps un peu avancé, & vos Jambes un

A a a a a 2   peu

peu en arriere, avec une *Assiete* fort ay-
sée.

Servez vous, sur les *Voltes* en *Courbettes*,
de la Resne de dehors, & en tout & par tout,
comme je vous ay dessia dict; faitez seulement
Aller le Cheval en evant, comme s'il ane tournoit point, & celà sur toutes sortes de *Cercles*,
excepté la *Pirouette*; Il ne faut quasi jamais
Ayder des Jambes, & si vous le faites, que ce
soit de celle de dehors, en l'approchant tant
soit peu du Cheval; C'est là la perfection de toutes sortes d'*Airs*.

La

LA
QUINTISSENCE
De l'*Art* de Monter à
CHEVAL.

SI le Cheval ne veut point *Plier* les Eſpaules, qui eſt un des principaux points de cet *Art*, attachez le *Caveſſon* aux Sangles, ſelon ma *Methode*, ſerrant la Reſne de dedans autant qu'il vous ſera poſſible; mais il ne faut pas alors Travailler le Cheval que ſur des *Cercles* larges ou eſtroits, la Croupe en dehors, tant au *Trot*, qu'au Galop; ou bien avec la Jambe & la Reſne d'un coſté, la Croupe en dehors : Cela Aſſoupplira infalliblement les Eſpaules, & le Cheval ne ſera jamais *Reſtif*, ni *Entier*.

Mais de luy mettre la Croupe en dedans, quand il eſt attaché ſi ſerré, eſt ſi fort contre *Nature*, & ſi forcé, qu'il luy eſt impoſſible d'Al-

B b b b b

ler,

ler ; deforte que s'esforçant de fe mettre à fon
aife, plus vous penfez mettre en dedans fon
Efpaule de dehors, plus vous la mettez en arriere, & Travaillez l'Efpaule de dedans, n'y ayant
aucun autre moyen qui le puiffe mettre à fon
aife : D'ou il apert, que la plus part des Efcuyers fe trompent ; qu'ils Travaillent les Chevaux
contre *Nature* ;   & les gaftent entierement.

Mais fi vous voulez Travailler les Efpaules,
& luy mettre la Croupe en dedans, il vous faut
prendre la Refne de dedans du *Caveffon* à la
Main, la tirer à voftre Genouil, & *Ayder* de la
Jambe de dehors : Cecy n'eft pas fi forcé que
l'autre maniere, & par confequent fait entrer l'E-
paule de dehors, avec beaucoup de facilité, &
met la Croupe un peu à l'aife, n'eftant pas fi
fort en dedans ; Et ainfi celà eft fort propre
pour le *Petit-Galop* la Croupe en dedans, &
pour *Paffager* auffi, la Croupe en dedans ; mais
principalement pour le *Galop*, & point du tout
pour *Terre à Terre* ; car il n'y a point, pour
Terre à Terre, d'autre *Methode* que la miene,
qui y eft fi propre, que je m'eftonne comment

je

je l'ay pû trouver ; car c'eſt là que l'Eſpaule de dehors eſt tenue en arrierë, & celle de dedans en avant, & la Reſne du *Caveſſon* eſt à voſtre Genouil ; l'Eſpaule de dehors entre, & celle de dedans eſt tenuë en arriere : Voila la vrayë difference qu'l y a entre le *Petit-Galop*, & *Terre à Terre*, ſur des *Cercles* : Apprenez cecy par coeur ; car c'eſt une tres-ſubtile Verité, & la plus rare *Methode* du Monde.

Bbbbb2　　　De9

Des Degrez qu'il faut observer, en attachant la Resne de dedans du Cavesson aux Sangles, ou au Pommeau de la Selle, qui est l'Ame du Manege, & que personne n'a jamais trouvé avant moy.

QUand vous attachez la Resne de dedans du *Cavesson* aux Sangles, cela Travaille l'Epaule de dehors, Presse le Cheval dans la *Volte*, & luy laisse les Jambes de dehors en Liberté; Est fort propre pour le *Galop* large, ou en sa longueur; comme aussi pour la *Pirouette*.

Il est impossible, qu'aucun Cheval Aille, ou soit jamais *Dressé*, qu'il n'aye les Espaules, soupples, il & n'y a point de meilleure *Leçon* pour les luy Assoupplir; mais il faut bien pendre garde de ne faire pas trop entrer la Croupe, estant impossible de la faire entrer & sortir en mesme temps; car la Resne du *Cavesson*, attachée aux Sangles, la fait sortir; & il ne faut donc pas que vous

taschiez

taſchiez de la faire entrer avec le Talon, qui
feroit vouloir faire, à la fois, deux choſes entierement contraires; Et le Cheval s'apercevant
de voſtre ignorance, (qui eſt grande, d'eſſayer à
faire des impoſſibilitez) deſvient impatient, &
Retif, comme il n'en a que trop de ſujet: C'eſt
pourquoy il ne faut pas attacher le *Caveſſon* trop
ſerré; car ſi vous le faitez, le Cheval ne ſçauroit Aller en avant, & Tournera en rond, ce
qui le faira auſſi deſvenir *Retif*, & non ſans
cauſe, & ce ſera voſtre faute, & non la ſiene:
Le *Caveſſon* doit eſtre attaché aſſez ſerré pour
faire que le Cheval Regarde dans la *Volte*, &
point davantage; c'eſt à dire, qu'il ſoit ſi ſerrè,
que le Cheval ne puiſſe point Regarder hors de
la *Volte*, & par ce moyen il ira en avant, & à
ſon aiſe; parce que cela eſt naturel, & n'a rien
d'impoſſible.

La Reſne de dedans du *Caveſſon*, attachée
au Pommeau, a tout un autre effet; car elle
Preſſe le Cheval du coſté de dehors de la *Volte*,
& laiſſe les Jambes du coſté de dedans en Liberté; tient l'Eſpaule de dehors en arriere, Tra-

Ccccc vaille

vaille la Croupe & la Hanche de dehors, & affujetit le Cheval au Talon, lequel ne pouvant
efviter, il le fuit & y obeit: Ceci eft fort propre pour *Terre à Terre*, & pour les *Demi-Voltes*
fur le Terrain, mais il ne faut pas que cette Refne de dedans du *Caveffon* foit attachée trop ferré; car fi elle l'eft, le Cheval ne peut Aller en
avant (non plus qu'en l'autre façon, dont je viens de parler) & il defviendra auffi *Retif*; C'eft
pourquoy, il ne faut pas que cette Refne de
dedans du *Caveffon* foit attachée au Pommeau plus
ferré, que juftement pour faire que le Cheval Regarde dans la *Volte*.

De tirer la Refne de dedans du *Caveffon* au
Genouil, ou par-dela, Travaille l'Efpaule de dehors, Preffe le Cheval du cofté de dedans de la
Volte, & luy laiffe les Jambes en Liberté du coftè de dehors: Affoupplit les Efpaules, & donne un pëu de Liberté à la Croupe : Cette mefme Refne de dedans du *Caveffon*, attachée aux
Sangles, a le mefme effet.

Il faut que vous fçachiez, que l'Invention des
Pilliers n'eft que pure *Routine*, parce qu'elle agit

par

par le moyen des Yeux, & non par le Sentiment
que le Cheval doit avoir de la Main & du Talon ; deſorte que cette *Methode* des Pilliers a plus
gaſté de Chevaux qu'aucune autre Erreur que
ce ſoit, n'agiſtant que ſur les Yeux, qui ſont
continuellement occupez à regarder les Pilliers ;
deſquels jamais Perſonne n'a ſçeu ſe ſervir
ſinon Monſieur de *Pluvinel*, qui les inventa.
Ma *Methode* eſt avec le *Caveſſon*, qui ne fait
point aller le Cheval par *Routine*, & ſes Yeux
n'ont rien à faire icy, ni la Voix du Cavalier
non plus ; mais il obeit entierement a la Main &
au Talon, ce qui rend toutes ſortes de Chevaux
parfaits, & m'a toujours bien reuſſi.

De la Bride & du Mords
sans Cavesson.

LE *Mords* est, sans doubte, une estrange *Machine*; car de quel costè que vous tiriez les Branches, la Bouche du Cheval va toujours au contraire : Quand vous tournez le Petit-Doight en haut, cela tire la Resne de dehors, qui Travaille l'Espaule du costè de dehors, & donne Liberté à la Croupe, à Main gauche; Et estant tournè un peu davantage, & un peu à gauche, cela Travaille l'Epaule de dehors, & donne un peu de Libertè à la Croupe, ce qui est fort propre aux *Courbettes*, au *Trot*, & au *Galop dune Piste*, comme aussi aux *Pesates* (ou *Posades*) & est axcellent au *Passager*, & aux *Pirouettes*, le Cheval estant par ce moyen Pressè dans la *Volte*, & en Libertè en dehors

Aux *Courbettes* sur les *Voltes*, la Croupe estant au *Centre*, il vous faut approcher du Cheval

val la Jambe de dehors, tourner un peu la Main, & *Souſtenir*, & il ira parfaitement ſur les *Voltes*, pourveu qu'il aille en avant, qui eſt la principale choſe, & la Raiſon de cela eſt, parce que le Cheval va alors un peu en *Biais* : C'eſt là tout ce qui ſe fait de la Main gauche, qui fait auſſi aller le Cheval parfaitement bien au *Petit-Galop*.

Au *Terre à Terre*, c'eſt tout autre choſe, ayant les Reſnes à la Main gauche; car il vous faut icy Preſſer le Cheval du coſté de dehors, & luy laiſſer les Jambes en Liberté dans la *Volte*: Il vous faut tourner le Poignet en dedans vers voſtre Eſpaule gauche, juſques à la toucher, ce qui tire la Reſne de dedans, & voſtre Jambe de dehors touchant le Cheval, il eſt, par ce moyen, Preſſè du coſté de dehors, & a les Jambes en Liberté dans la *Volte*: Mais au *Terre à Terre* à gauche, ayant les Reſnes dans la Main gauche, il vous faut tourner le Petit-Doight en haut, juſques à luy faire toucher voſtre Eſpaule droite, Aydant en meſme temps de la Jambe de dehors.

Dd ddd

Quand

Quand les Refnes font feparées en vos deux Mains, il vous faut tirer la Refne de dedans, & joindre voftre Main droit à voftre Efpaule gauche, en tournant le Petit-Doight en haut, & voftre Jambe auffi tout doucement du cofté de dehors : Mais à la Main droite, les Refnes eftant feparées en vos deux Mains, il vous faut tirer la Refne de dedans jufques à voftre Efpaule droite, tenant le Petit-Doight eflevé, & aydant de la Jambe de dehors : Vous voyez, par là, qu'il y a bien de la difference, entre avoir les Refnes feparées es deux Mains, & tenir la Bride de la Main gauche ; car on *Ayde* des Mains : De ces chofes defpend la perfection du *Terre à Terre*, & des *Demi-Voltes*.

Je vous ay desja dict, que le *Mords* eft une eftrange *Machine* ; car de quelque cofté que vous tiriez les Branches, la Bouche du Cheval va tout au contraire ; Si vous vous fervez de la Refne de dehors, vous tirez vers vous la Branche de dehors, & la Bouche va au contraire, excepté aux *Courbettes* ; car alors cela opere fur le milieu de la Gourmette : Au *Terre à Terre*, fi vous

tirez

tirez les Branches vers vous, la Bouche va tout
le contraire, & le Cheval Regarde dans la *Volte,*
comme il doit faire, & alors la Gourmette opere
le contraire de la Branche, ſoit à Droite, ſoit à
Gauche: Si vous tirez les Branches, droit en
haut, la *Bouche* s'abaiſſe; mais ſi vous avancez
la Main, autant qu'il eſt poſſible, vers la ligne
Perpendiculaire, cela opere tant plus fort ſur la
Gourmette: Si vous tirez la Reſne de dedans
du *Caveſſon,* & l'eſlognez de voſtre Corps, en
Tribacato, affin que la Branche ſoit eſgale à l'Oeil
du *Mords,* il n'opere point du tout alors ſur la
Gourmette, tant eſt grande la difference, entre
le *Caveſſon* & le *Mords*: Au *Terre à Terre,*
quand vous tirez la Reſne de dedans à voſtre
Eſpaule de dehors, la Reſne eſt alors beaucoup
en dedans du Pommeau; à quelque Main que
vous alliez; mais toutes fois & quentes que vous
Aydez de la Reſne de dehors, voſtre Main eſt
alors trois doigts au deſſus du Pommeau, & autant au devant: Et c'eſt là certainement ce en
quoy conciſte le vray uſage du *Mords* & de la
Bride: Quand je me ſers de la Reſne de dehors

Ddddd 2

de

de la *Bride*, je trouve que la Croupe du Cheval
se perd, quoy que j'*Ayde* de la Jambe de dehors,
parceque la Jambe & la Resne sont d'un mesme
costé, mais si la Jambe & la Resne sont es costez contraires, cela opere sur la Croupe, & tient en arriere l'Espaule de dehors.

Le *Cavesson*, estant sur le Nez du Cheval,
fait un effet tout contraire à celuy du *Mords*;
car si vous tirez en haut la Resne du *Cavesson*,
vous luy levez la Teste, & si vous la tirez en
bas, vous la luy abaissez.

Quant aux *fausses Resnes*, il n'y a rien de plus
faux; car les Resnes estant attachées aux Arches
du *Mords*, quand vous les tirez, cela lasche la
Gourmette, & n'a nul effet sur elle, non plus
qu'un *Bridon*; voire est quelque chose de pire;
car le *Bridon* va jusqu'aux Levres; & quand mesme la Gourmette seroit lasche, il ne la souffrira
pas d'aller si haut, & par consequent blesse les
Barres; Voila la verité touchant les *fausses*
Resnes.

De

D E

*La Perfection de bien Dreſſer les Chevaux de Ma-
nege, ſi briévement enſeignée, qu'elle ſe peut apprendre par coeur avec beaucoup de facilité, &
quicunque la mettra exactement en pratique, ne
peut manquer de Dreſſer en perfection toutes ſortes de Chevaux.*

Et n'y ayant rien de plus neceſſaire dans le *Manege* que de bien *Travailler* les Eſpaules des
Chevaux, & les rendre Souples, c'eſt par la
que je veux commencer.

---

*Pour rendre les Eſpaules des Chevaux Souples dans
le* Trot, *&* au Petit-Galop.

LA Reſne de dedans du *Caveſſon*, attachée
aux Sangles, ou tenuë en Main, & tirée
vers le Genouil, rend Souple l'Eſpaule de dehors
du Cheval a Main droite ; car eſtant en liberté

E e e e

hors

hors de la *Volte*, & preffé dans la *Volte*, fon Efpaule
de dehors entre, & l'Efpaule de dedans eft tenuë en arriere : Mais comment eft il poffible,
que par ce moyen fon Efpaule de dedans foit
renduë Souppe en *Terre à Terre* ; car en cet
Air l'Efpaule de dedans s'avance, & celle de dehors eft tenuë en arriere ? Pour bien comprendre comment cela arrive, il faut fçavoir, qu'a
Main droite fon Efpaule de dehors entre, & eft
renduë Souppe, & que celle de dedans eft tenuë en
arriere ; deforte que ce qui a efté rendu Souppe
a Main droite (c'eft a fçauoir l'Efpaule de dehors, & la Jambe du mefme cofté, en *Terre à
Terre*) eft auffi rendu Souppe a Main gauche ;
& c'eft là que la Refne de dedans & la Jambe
de dehors pouffe en arriere fon Efpaule de dehors, & met en dedans fon Efpaule & Jambe de
dedans : C'eft ainfi que la mefme Jambe, qui
eftoit en dehors a Main droite, eft en dedans a
Main gauche, en *Terre à Terre* ; & voila la pure
verité, car c'eft cela qui le rend Souppe ; & la
mefme chofe arrive a l'autre Main fans aucune
difference.

J'efcris

J'escris cecy pour faire voir qu'en *Travaillant* les Espaules, on les prepare pour *Terre à Terre;* mais nous declarerons particulierement cy aprez, qu'est ce qui *Travaille* l'Espaule de dehors.

Il vous faut sçauoir qu'au *Trot* & au *Galop,* aussi bien lors que les Cercles *dune Piste* font larges que quand ils font estroits, la Croupe doit estre un peu en dehors pour *Travailler* tant plus les Espaules, & que la Refne de dehors de la Bride le foit aussi pour les *Travailler* encore davantage, & cela au *Petit-Trot* & au *Petit-Galop,* affin que le Cheval ne s'appuyë pas trop fur les Espaules; mais la Refne du *Caveffon* estant attachéë de cette forte, il luy est impossible d'aller *Terre à Terre;* parce qu'on *Travaille* l'Espaule de dehors.

Le *Trot* & l'*Areft* font le fondement de toutes chofes au *Manege;* car cela affermit le Cheval a la main, & le met fur les Hanches. Pour faire un *Areft* il faut lever la Main de la Bride vers la poitrine, courber le corps en arriere, & tenir la Jambe de dedans pres du Cheval, affin d'approcher fa Jambe de dedans, de celle de dehors.

Le *Reculer* est une Action excellente pour affermir le Cheval a la Main & l'y rendre legier; comme aussi à le mettre sur les Hanches, & le rendre capable d'aller en avant.

Le *Petit-Galop* pacifié les Chevaux fougueux, & leur donne un *Appuy*: L'*Arest* dans le *Galop* doit estre avec deux ou trois *Falcades* le long d'une *Muraille*, directement en avant, soit que vous avanciez ou reculiez, & que l'Espaule droite ou Gauche soit vers la *Muraille*; & cela se fait avec la Resne de dedans, & la Jambe de dedans, ou bien sans *Ayder* aucunement des Jambes que quand l'occasion de le faire se presente.

Une

Une autre Excellente Leçon pour rendre Soupples les Eſpaules des Chevaux.

IL n'y a rien de meilleur pour cet effet que d'avoir la Jambe & la Reſne du *Caveſſon* de meſme coſté, comme ſi le Cheval eſtoit attaché au *Pilier*, la Croupe en dehors; car quoy qu'il aille a Main gauche, il eſt rendu Soupple a la Droite: Avec cette Leçon on l'empeſchera d'eſtre jamais *Entier*, qui eſt le pire de tous les vices qu'un Cheval puiſſe avoir: Eſtre *Entier* c'eſt eſtre *Retif* en tournant, qui fait ſouvant que le Cheval ſe bouleverſe, & met le Cavalier en grand danger de ſe rompre bras ou Jambe; car le Cheval pour s'empeſcher de tourner, met, de toute ſa force, la Croupe en dedans, & l'Eſpaule en dehors, & le fait avec beaucop de ruſe & de malice. Vous voyez par là que cette excellente *Leçon* ſe pratique de la meſme ſorte que ſi le Cheval eſtoit attaché au *Pilier*, la Reſne & la Jambe d'un meſme coſté, la Croupe en

Fffff dehors

dehors, qui eſtoit auparavant en dedans, ce qui l'empeſche d'eſtre *Entier*, & eſt par ce moyen gueri de ce vice :   Mais à la Main gauche, la Jambe & la Reſne de meſme coſté, le rend plus Souple à la Main droite; comme d'aller à la Main droite, la Jambe & la Reſne de meſme coſté, luy rend les Eſpaules Souples pour la Main Gauche;   & c'eſt là la meilleure *Leçon* qui puiſſe eſtre.

Pour toutes ſortes d'Airs ſur
les Voltes.

IL faut en toutes ſortes d'*Airs* ſe ſervir de la Reſne de dehors de la Bride, affin que l'Eſpaule de dehors du Cheval puiſſe entrer un peu, ce qui donne quelque Libertè a ſa Croupe, & le fait tourner tant plus ayſement, & ſi la Reſne de dedans du *Caveſſon* eſt attachée aux Sangles, ſon Eſpaule de dehors entrera beaucoup mieux, & ayant voſtre Eſpaule de dehors un peu en dedans, & plus haute que celle de dedans, luy faira encore mieux entrer l'Eſpaule.

A Main droite, il faut que la Main de la Bride ſoit juſtement ſur le Col du Cheval, le Petit-Doight tournè en haut, ce qui tire la Reſne de dehors comme il faut, & le *Soutient*, dautant qu'il eſt, par ce moyen, mis ſur les Hanches : La raiſon en eſt, qu'il eſt preſſé par la Gourmette, laquelle il rend laſche en ſe mettant ſur les Hanches, & par ainſi ſe delivre de cette

Fffff 2

douleur.

douleur.   Gardez vous bien de courber le Col du Cheval, en luy mettant voſtre Main en dedans; car cela le met ſur les Eſpaules, & il vous le faut tous-jours tenir ſur les Hanches.

A Main gauche, il vous faut tenir la Main de la Bride un peu en dedans du Col du Cheval, lever le Petit-Doigt, & *Soutenir*, ce qui faira le meſme effet comme à la Main droite, & ne l'aydant point de la Jambe, il ira parfaitement bien. S'il met la Croupe en dehors, approchez de luy voſtre Jambe de dehors, & celle de dedans, s'il met la Croupe trop en dedans, & *Soutenez* tous-jours pour le tenir ſur les Hanches : Souvenez vous que c'eſt l'*Aſſiete* qui fait bien Aller un Cheval ; car telle qu'eſt l'*Aſſiete* telle eſt la Main, & il n'y a que la Main & les Talons qui *Dreſſe* les Chevaux : Noubliez point auſſi ; qu'es Airs ſur les *Voltes*, la principale choſe eſt de faire tous-jours Aller le Cheval en avant, comme s'il ne tournoit point ; car par ce moyen il va ayſement & juſte ; mais ſi vous tournez trop la Main, ſa Croupe ſortira.

En toutes ſortes d'*Airs*, la Main de la Bride doit

doit estre un peu devant le Poummeau, & pour la *Pirouette* il faut *Ayder* avec la Resne de dehors, vostre Espaule de dehors estant un peu plus haute que celle de dedans, & un peu en dedans vers l'Oreille gauche du Cheval, à Main droite, & vers la Droite, à Main gauche; car la Resne de dehors met son Espaule de dehors en dedans, & par conséquent sa Croupe en dehors : Car il faut que vous sçachiez, qu'au *Trot*, au *Galop*, en *Terre à Terre*, & en la *Pirouette*, il a une Jambe devant l'autre; mais aux *Courbettes* & autres *Airs* c'est tout le contraire : Es *Courbettes* les Jambes sont esgales, & non pas l'une devant l'autre, & quoy que les Jambes de derriere semblent estre plus escartées que celles de devant, les Jambes de derriere sont pourtant dans les lignes des Espaules, ce qui le fait Aller sur les Hanches.

Quand un Cheval abeït parfaitement à la Main & aux Talons, il vous faut, pour lors, mette vostre Jambe de dedans un peu vers luy es *Courbettes*, l'*Ayder* avec la Resne de dehors de la Bride, le *Soustenir* un peu, & l'*Ayder* doucement avec la Jambe de dedans; c'est a dire,

Ggggg   qu'il

qu'il faut mettre le Gras de la Jambe a son flanc, & il ira de bel *Air* en *Voltes* : Es *Croupades* il vous faut donner un peu de Liberté à sa Croupe ; & ne la pas tant conftraindre comme es *Courbettes* , & es *Caprioles* point dû tout ; mais bien plus toft la tenir efgale, ou un peu en dehors ; car un Cheval qui a la Croupe affujetië ne peut Aller ; c'eft pourquoy es *Caprioles* la Croupe doit avoir autant de Liberté qu'il eft poffible ; & quand vous l'*Aydez* de la Houfine, il faut que fe foit quand il s'abaiffe, mais non pas quand il s'efleve ; car cela luy empefcheroit la Croupe de fe haufer.

D U

DU
PASSAGER ou INCAVELAR
Qui Se Fait
Lors que le Cheval passe une Jambe par dessus
l'autre, en chaque second temps.

L'Action du *Passager* n'est pas si grande qu'au
Trot, mais bien plus qu'au *Pas*, & est extremement propre pour donner au Cheval l'intelligence de la Main & des Talons ; parce qu'elle n'est pas rude, & ne le met pas en furie:
L'ayant rendu obeïssant à la Main & aux Talons, au *Passager*, il est en mon pouvoir de luy
faire faire tout ce dont ses forces le rendent capable. Il faut au *Passager* que la Resne de dedans du *Cavesson* soit attachée aux Sangles, ou
tirée jusqu'a vostre Genouil ; ce qui *Travaille*
l'Espaule de dehors du Cheval ; Action fort
propre au *Passager*, pour luy faire passer les Jambes de dehors par dessus celles de dedans, & affin qu'il le fasse tant mieux, il vous le faut *Ayder*

G gggg 2

avec

avec la Refne de dehors de la Bride, & c'eft ainfi que cette excellente Leçon finit.

PESATES.

LA Refne de dedans du *Caveffon* eftant attachée aux Sangles, ou tirée jufqu'a voftre
Genouil, il vous faut *Ayder* le Cheval avec la
Refne de dehors de la Bride : Au *Paffager*, il
vous le faut eflever auffi haut que vous pourrez,
le tenant là doucement & fans fougue; puis
apres il le faut Promener, & Haufer à diverfes
fois durant la *Volte*, & ce fera une vraye *Pefate* :
Cela le met a la Main, & le prepare pour toutes
fortes d'*Airs*, & fans cela il n'y a point de
Cheval qui puiffe Aller aucun *Air*; c'eft pourquoy il faut commencer par cette Leçon avant
que de luy enfeigner aucun *Air*.

Il n'y a rien de meilleure grace dans les *Airs*,
que quand le Cheval plië les Jambes de devant

en

en ſe hauſant ; car ſi un Cheval qui va en *Airs*
a les Jambes de devant roides en ſe hauſant, ou
qu'il en batte l'air, il eſt neceſſairement ſur les
Eſpaules ; parce que cette Action l'y met ; mais
s'il plië les Jambes de devant en ſe levant, cela
le met ſur les Hanches, dautant que cela le met
en arriere, comme de les avoir roides le met en
avant, & par conſequent ſur les Eſpaules : Il
faut que le Cheval aille tous-jours en avant, ſinon que vous le tiriez en arriere.

Il vous faut ſouvenir, que la Reſne de dedans
du *Caveſſon*, attachée aux Sangles, ou tirée juſqu'a
voſtre Genouil, *Travaille* l'Eſpaule de dehors,
par le moyen de la Reſne de dehors de la Bride ;
& ceci ne ſert qu'au *Petit-Galop*, & non pas à
Terre à Terre : Pour tant mieux faciliter le
Petit Galop, il faut que voſtre Eſpaule de dehors
ſoit plus haute que celle de dedans ; ce qui
Travaille infailliblement l'Eſpaule de dehors, de
meſme qu'ayant voſtre Eſpaule de dehors abaiſ-
ſée, la Croupe eſt aſſurement aſſujetië, & *Tra-*
vaillée : Que vos Jambes ſoient auſſi proches du
ventre du Cheval qu'il eſt poſſible ſans le toucher,

Hh h h h   affin

affin que vos *Aydes* en foient plus fecretes. Donner un coup d'Efperon eft une correction, mais
de Pincer de l'Efperon eft une excellente *Ayde*,
qui fe fait en approchant la Jambe auffi prez qu'on
peut du Cheval, & puis tournant le Talon vers
luy, le Pincer de l'Efperon tout doucement : &
fi les Jambes n'entrent pas affez, la Refne de dedans eftant attachée a la Sangle, il vous luy faut
plier le Col, avec la Refne de dehors de la Bride,
le plus qu'il vous eft poffible, comme fi vous le
luy vouliez rompre, ce qui luy rendra les Efpaules affez Soupples.

C'eft icy que finiffent ces excellentes Leçons qui ren-
dent les Efpaules des Chevaux Soupples, en quoy
concifte le principal deffein du Manege.

DUNE

D'UNE

Maniere exacte & parfaite à faire obeïr les Che-
vaux aux Talons.

C'Est assurement la Resne de dedans qui fait
obeïr les Chevaux aux Talons, & rien autre ; car elle met le Cheval sur le costé de dehors, & luy met en dedans la Hanche de dehors, ce qui l'empesche de pouvoir esviter le Talon, & par consequent il faut necessairement qu'il
luy obeïsse.

La Resne de dedans, soit de la Bride, ou du
Cavesson, estant vers vostre Espaule de dehors,
& Pinsant un peu le Cheval de l'Esperon, de
temps en temps, admet une *Courbette* en allant,
le Cheval ayant la Teste vers la *Muraille* ; parce
qu'il est de costé & non pas sur un *Cercle* ; car
la Resne de dedans (comme s'il avoit la Teste
vers le *Pilier* en *Courbettes,* & la Croupe en de-

H h h h h 2

hors)

hors) luy affujetit la Croupe. La Refne de dedans en *Courbettes* le long de la *Muraille*, foit que voftre Efpaule, droite ou gauche, foit vers la *Muraille*, luy affujetit tous jours la Croupe.

Il fe faut auffi fervir de la Refne de dedans quand le Cheval va en *Courbettes* en arriere, ou le long de la *Muraille*, foit que vous ayez l'Efpaule droite, ou la gauche, vers la *Muraille*: Mais c'eft avec la Refne de dehors qu'il faut agir fi vous faites une *Demi-Volte* en *Courbettes*; car autrement il luy eft impoffible de tourner en *Courbettes*, & il vous eft ayfé de changer de la Refne de dehors à celle de dedans, fans rompre temps. Il faut bien fe guarder que le Cheval aye la Croupe en dedans aux *Airs*, fur les *Cercles*, dautant que cela luy tient l'Efpaule de dehors en dehors, en la luy tenant en arriere, ce qui l'empefche de pouvoir aller aucun *Air* fur les *Cercles* ; par ce qu'il ne fçauroit Tourner; car c'eft la Refne de dehors, en toutes fortes d'*Airs*, qui luy met l'Efpaule de dehors en dedans, affin qu'il puiffe Tourner tant plus ayfement, ayant la Croupe un peu en Liberté.

En

En *Paſſager* c'eſt la Reſne de dedans, la Croupe en dehors, qui luy fait obeïr les Talons; & ſur les *Cercles*, c'eſt la Reſne de dehors, car autrement il ne pourroit Tourner: Il ne le peut non plus ſur les *Airs*, mais ſi fait bien en *Peſates*; car alors il ne s'eſleve qu'une fois ou deux, & va derechef en *Paſſager*; & c'eſt là le vray moyen de faire que les Chevaux obeïſſent parfaitement aux Talons.

TERRE à TERRE.

IL ſe faut ſervir en *Terre à Terre* de la Reſne de dedans & de la Jambe de dehors: La Reſne de dedans, tirée vers voſtre Eſpaule de dehors, preſſe le Cheval du coſté de dehors, ſur la Hanche de dehors, fait qu'il s'appuyë ſur le coſté de dehors, qu'il Regarde dans le *Cercle*, & le laiſſe en Liberté dans le *Cercle*, la Jambe de devant, qui eſt dans le *Cercle*, conduiſant, &

Iiiii

celle

celle de derriere du mesme costé la suivant, mais celle qui est hors du *Cercle* est racourcië.

Par ce moyen l'Espaule de dedans du Cheval est advancée par vostre Main, & celle de dehors tenuë en arriere : Il vous faut *Soustenir* comme vous faites es *Airs* ; mais c'est avec la Resne de dedans, ayant la Main de la Bride en dedans du Poummeau, les yeux vers le dedans du *Cercle*, vous soustenant un peu sur l'Estrieu de dehors, & ayant vostre Espaule de dehors abaissée vers le dedans du *Cercle*, ce qui luy assujetit la Croupe, de façon qu'il est impossible de la luy faire trop entrer ; car vous appuiant sur le Costé de dehors, la Croupe ne sçauroit Aller devant l'Espaule ; ce qui le force a faire le *Terre à Terre* en depit qu'il en ayt, & d'Aller *Pa Ta, Pa Ta*, qui ne font que deux temps, & c'est ce que personne n'a jamais trouvé avant moy.

Mais il faut que je vous fasse souvenir, que si vous attachez la Resne de dedans du *Cavesson* au Poummeau, cela luy *Travaille* la Croupe, le met sur la Hanche de dehors, & luy fait obeïr

le

le Talon ; mais n'a pas la meſme force qu'a la Reſne de dedans tirée vers voſtre Eſpaule de dehors ; parceque la Ligne vers le Poummeau eſt plus courte, & par ainſi n'a pas tant de force ; mais ſi le Cheval preſſe ſi fort que vous ayez de la peine a le retenir, attachez la alors au Poummeau, & cela le retiendra ſuffiſemment.

Paſſades *le long de la* Muraille.

LA Methode la plus exacte, pour faire des *Paſſades* le long de la *Muraille*, eſt avec la Reſne de dedans, ſoit tout droit en avant, ou ſur des *Demi-voltes* ; car cela luy aſſujetit la Croupe, le fait Aller juſte, & Regarder dans le Cercle, auſſi bien au *Petit-Galop*, qu'a *Toute-Bride*, qui eſt la meſme choſe, eſtant une *Demi-Volte*, & n'eſt que la moitiè de mon *Terre à Terre* ; & il faut, par conſequent, qu'il eſt mes *Aydes*, qui ſont la Reſne de dedans, & la Jam-

Iiiii 2

be

be de dehors; Toutes autres voyes font fauffes & fans raifon.

Souvenez vous, qu'il faut que chaque Cheval prene de luy mefme l'*Air* qui luy eft propre, & qu'il ne faut pas luy donner le Temps, mais bien fuivre le fien; & par ce moyen il ira parfairement bien; au lieu que fi vous pretendez de luy donner le voftre, il n'ira jamais comme il faut; car luy voulant donner un autre Temps que celuy que la Nature luy a donné, vous le gaterez entierement.

POUR

P O U R

*Faire mieux entendre la difference qu'il y a entre
le* Travail *de la* Reſne *de dehors & de celle
de dedans es* Courbettes.

DE quelque façon que la Croupe du Cheval
ſoit, en dehors, ou droite le long de la
Muraille, ou de coſté, ou en avant, ou en arriere; ou qu'il eſt la Teſte vers le *Pilier,* en *Cour-*
bettes; cela ſe fait tous-jours avec la Reſne de
dedans, pour luy aſſujetir la Croupe, luy metre
l'Eſpaule de dedans en avant, & tenir en arriere
celle de dehors; ce qui luy aſſujetit la Croupe
neceſſairement.

En *Courbettes,* quand la Croupe eſt en dedans ſur les *Voltes,* ou *Demi-Voltes* ſur les *Cer-*
cles, il vous faut alors *Ayder* avec la Reſne de
dehors de la Bride, & la Jambe de dedans; car
autrement il ne ſe peut Tourner: De plus il faut
qu'icy ſon Eſpaule de dehors ſoit amenée en dedans, & ſon Eſpaule de dedans tenuë en arriere,

Kkkkk   affin

affin qu'il se puisse Tourner tant plus aysement, estant Estraici par devant, & Eslargi par derriere; au lieu que l'autre estoit, tout le contraire, & qu' avec la Resne de dehors il a un peu de Liberté: Voilà la vrayë difference qu'il y a entre la Resne de dehors & celle de dedans, dans leurs divers usagez: Mais quand vous *Aydez* de la Resne de dehors, il vous faut *Ayder* de la Jambe de dedans tout doucement.

Terre

Terre à Terre *de ma façon ſur* *les* Voltes.

C'Eſt icy que j'aſuietis la Croupe du Cheval, & luy Eſlargis le Devant; Je mets en a-vant ſon Eſpaule de dedans, & ſon Eſpaule de dehors eſt tenuë en arriere; ce qui ſe fait avec la Reſne de dedans & la Jambe de dehors : **Les** meſmes *Aydes* ſervent aux *Peſates*; car une *De-mi-Volte* n'eſt que la moitié de *Terre à Terre* de ma façon, & par conſequent cela ſe fait avec les meſmes *Aydes.* J'ay dict, que ſur les *Cercles* c'eſt avec la Reſne de dehors, mais c'eſtoit en *Courbettes*, qui eſt tout une autre Action que *Terre à Terre*, ce qu'il faut entendre tres-ex-actement ; car c'eſt en la Reſne de dehors & la Jambe de dedans que conciſte la perfection des *Courbettes* ſur les *Voltes.* Il ne faut pas oublier, que quand un Cheval va en *Courbettes*, la Teſte vers la *Muraille*, c'eſt avec la Reſne de dedans

Kkkkk 2 &

& la Jambe de dehors; mais il faut que le Devant du Cheval Aille un peu avant la Croupe; car par ce moyen il eſt tant plus ſur les Hanches, & ſi la Croupe Aloit avant les Hanches, cela eſt faux; Deſorte que s'il va, comme s'il avoit la Teſte vers le *Pilier*, c'eſt avec la Reſne de dedans & la Jambe de dehors, ayant ſon Devant un peu devant la Croupe; Mais tout droit le long de la *Muraille*, ſoit en devant ſoit en arriere, c'eſt avec la Reſne de dedans, & la Jambe du meſme coſté, aux *Courbettes*; au lieu que ſur les *Voltes* c'eſt avec la Reſne de dehors, & la Jambe de dedans, faiſant Aller le Cheval en avant comme s'il ne Tournoit point.

UNE

UNE
Tres-rare Methode

Pour *Dreſſer* parfaitement les

CHEVAUX.

IL faut Eſtreſſir le Cheval par devant; ce qui ſe fait en luy mettant la Jambe interieure de derriere à l'exterieure de derriere: Pour exemple, ſi vous tirez la Reſne de dedans du *Caveſ-ſon* juſques à voſtre Genouil, ou l'attachez aux Sangles, cela Travaillé l'Eſpaule de dehors, & luy met la Jambe interieure de derriere à l'exterieure de derriere, pourveu que vous l'*Aydiez* de la Jambe de dedans, & de la Reſne de dehors de la Bride; car il eſt par ce moyen Eſtreſſi par devant, & Eſlargi par derriere: Ceci ſe fait au *Trot*, & au *Galop*, ſur des *Cercles* larges ou

LIIII eſtroits,

eftroits, d'*une Pifte*, & Eftreffit le Cheval par devant, & l'Eflargit par derriere, en vous fervant des mefmes *Aydes* que c'y deffus.

En cette excellente *Leçon* de la Refne & Jambe du mefme cofté, comme fi le Cheval avoit la Tefte au *Pillier*, on luy met la Jambe interieure de derriere à l'exterieure de derriere, pour l'Eftreffir par devant.

Au *Paffager*, ou le Cheval paffe les Jambes de dehors par deffus celles de dedans, la Refne de dedans du *Caveffon* eftant attachée aux Sangles, ou tirée jufques a voftre Genouil, ne Travaille pas feulement l'Efpaule de dehors, mais auffi luy met la Jambe interieure de derriere à l'exterieure de derriere, pour l'Eftreffir par devant ; Et pour l'Eftreffir encore davantage, il faut *Ayder* de la Refne de dehors de la Bride, & de la Jambe de dehors tout doucement:

Au *Petit-Galop* fur des *Çercles*, la Refne de dedans du *Caveffon*, attachée au Sangles, met la Jambe interieure de derriere à la Jambe exterieure de derriere, & le faira encore davantage, fi vous tournez la Main pour *Ayder* de la Refne de dehors

hors de la Bride : Le *Petit-Galop* eſt *un, deux, trois,* & *quatre,* qui eſt un vray *Galop.*

En *Courbettes* ſur les *Voltes,* la Reſne de dedans du *Caveſſon,* attachée aux Sangles, ou la Reſne de dehors de la *Bride,* en *Aydant* de la Jambe de dedans, met la Jambe interieure de derriere à la Jambe exterieure de derriere, Eſtreſſit le Cheval par devant, & le met ſur les Hanches; Et en tout ceci, ce n'eſt que mettre la Jambe interieure de derriere à l'exterieure de derriere, qui eſt ce qu'on deſire.

En Arreſtant, *(*ou Parant,*)* la Reſne de dedans du *Caveſſon,* attachée aux Sangles, ou tirée juſques à voſtre Genouil, en *Aydant* de la Jambe de dedans, Eſtreſſit le Cheval par devant, luy fait Plier les Jarrets, & le met ſur les Hanches, pourveu que vous tiriez la Main en dedans.

Avec la Reſne de dedans, & la Jambe de dehors, on Aſſujetit la Croupe, & met la Jambe interieure de derriere à l'exterieure de derriere, Eſtreſſit le Cheval par derriere, & l'Eſlargit par devant : A coſté d'une *Muraille,* la Reſne de

      dedans

dedans, & la Jambe de dehors, Eſtreſſiſſent le Cheval par derriere ; En luy mettant la Jambe interieure de derriere à l'exterieure de derriere, cela l'Eſtreſſit par derriere, & le met ſur les Hanches : Quand il a la Teſte au *Pilier*, la Reſne de dedans, & la Jambe de dehors, luy mettent auſſi la Jambe interieure de derriere à l'exterieure de derriere, l'Eſtreſſit par derriere, & le met ſur les Hanches : En avant, ou en arriere, le long d'une *Muraille*, à droite, ou à gauche, il ſe faut ſervir de la Reſne de dedans, & de la Jambe de dedans, toutes deux d'un coſté, pour mettre la Jambe interieure de derriere à l'exterieure de derriere, qui eſt tout ce qui ſe peut faire pour *Dreſſer* les Chevaux.

UNE

UNE
Methode, *pour* Dreſſer *les Chevaux, ſi vrayë & certaine, que quicunque l'entendra bien, & la mettra ſoigneuſſement en Pratique, ne manquera jamais de* Dreſſer *en perfection toutes ſortes de Chevaux.*

Pour Aſſouplir les Eſpaules.

J'Ay deſia donné pluſieurs *Leçons* pour cet effet ; mais je le veux faire voir encore plus clairement en cet endroit : Il vous faut tirer en bas la Reſne de dedans du *Caveſſon,* en l'eſloignant de vous, pour faire entrer l'Eſpaule de dehors du Cheval, ce qui fait l'affaire, & le plië en rond comme un *Cercle,* qui eſt ce qu'il faut faire.

Mmmmm   Au

Au *Paſſager* il ne faut pas que la Croupe ſoit plus de la quatrieſme partie en dedans, car ſi elle l'eſtoit, cela fairoit reculer l'Eſpaule de dehors, qui eſt faux ; & le Cheval Regardera hors de la *Volte*, comment que vous tiriez la Reſne, tant c'eſt une choſe pernicieuſſe de mettre la Croupe en dedans, lors que vous voulez *Travailler* l'Eſpaule de dehors ; Mais de l'autre façon, vous rendez le Cheval ſoupple, & tres-diſpoſé à faire tout ce que vous voulez, & par ce moyen il ne ſera jamais *Entier*, & ira tous-jours en *Biais*.

Au *Terre à Terre relevé*, le Temps, qui eſt, *un, deux* ; *pa, ta,* ſe fait avec la Reſne de dedans, tirée vers voſtre Eſpaule de dehors, & avec la Jambe de dehors, & ainſi vous ne ſçauriez luy faire trop entrer la Croupe ; mais il eſt, par ce moyen, Eſtreſſi par derriere, & Eſlargi par devant, & va ſur un *Quarré*, la Jambe de dedans eſtant avancée, & celle de dehors en derriere.

Le *Terre à Terre determiné* eſt tout autre choſe ; car c'eſt icy, comme ſi le Cheval couroit une *Cariere* ſur un *Cercle*, ou il ne peut

courir

courir de ſa longueur ; à-cauſe-dequoy il faut que ſon *Cercle* ſoit plus large, parce que ce n'eſt qu'un *Galop* ; le *Courir* n'eſtant que l'action du *Galop* : Il vous faut ſervir icy de la Reſne de dehors, & de la Jambe de dehors, pour Eſtreſſir le Cheval par devant, l'Eſlargir par derriere, & le faire Aller en *Biais*, ce qu'on appelle *Determiné* ; *Biais* en *Courbettes*, comme ſi le Cheval ne tournoit point, & au *Petit-Galop* auſſi ſur des *Cercles* : On ſe ſert de la Reſne de dehors en tous les deux, & auſſi au *Paſſager*, la Reſne de dehors & la Jambe eſtant en *Biais*.

Il n'y a rien de plus vray en l'*Art de monter à Cheval*, que toutes les fois que le Cheval eſt, au *Terre à Terre*, *Demi-Voltes*, *Paſſades*, & *Paſſager*, Eſtreſſi par devant, il eſt Eſlargi par derriere ; & eſtant Eſtreſſi par derriere, il eſt Eſlargi par devant.

Pour faire qu'un Cheval Aille parſaitement, il faut que ce ſoit ſur un *Quarré*, & non ſur un *Cercle*, qui Aſſujetit extremement la Croupe.

Aux *Courbettes* ſur un *Cercle*, il eſt impoſſible d'*Ayder* de la Reſne de dedans, parce que le

Cheval ne peut point tourner ; mais la Refne de dedans, fur un *Quarré*, fait des merveilles, avec la Jambe de dehors ; le Cheval allant pour lors un peu en avant, en s'avançant un peu à chaque fois ; tant le *Quarré* eft excellent.

Au *Terre à Terre*, il n'y a rien de pareil au *Quarré*, *Aydant* avec la Refne de dèdans, & la Jambe de dehors : Il faut faire la mefme chofe aux *Demi-Voltes*, aux *Paffades*, & au *Paffager*, fur un *Quarré*, qui eft la Quinteffence du *Manege*, & rout ceci Affujetit le derriere du Cheval.

La Refne de dedans, tirée jufques à voftre Efpaule, avec la Jambe de l'autre cofté, Affujetit la Croupe fur un *Quarré*, & fait que le Cheval obeït parfaitement au Talon, lequel il ne peut en aucune façon efviter.

Les *Pefates* (qui fe font en eflevant le Cheval, & le tenant là) font le fondement de tontes fortes d'*Airs*, & quand vous le mettez aux *Courbettes*, il fe faut fervir de la Refne de dehors, & de la Jambe de dedans, pour eftre d'*une Pifte*, & luy faire faire trois ou quatre *Courbettes*,

en

en une Place, puis le faire Aller quelques Pas, & le mettre derechef aux *Courbettes*, comme au paravant, ce qui luy apprendra, en peu de temps, de faire parfaitement un *Tour* en *Courbettes*.

Le Cheval estant ainsi parfait, il le faut *Ayder* de la Resne & Jambe de dehors, le *Soustenir*, & l'Avancer tous-jours un peu, comme s'il ne Tournoit point, & cela le faira Aller parfaitement en *Courbettes*.

Nnnnn DE

D E L A
Main de la Bride,

*Ce qui merite d'estre bien remarqué, estant l'Ame
du Manege, & qu'il n'y a rien qui y soit plus
utile.*

EN *Courbettes* à Main droite, il faut que le
Petit-Doigt de la Main de la Bride soit
levé en haut (ce qui agit sur la Resne de dehors)
& *Soustenir.*

A Main gauche en *Courbettes*, la Bride doit
estre du costé de dedans du Col, & le Petit-
Doigt levé en haut, ce qui tire la Resne de dehors.

Au *Terre à Terre*, à Main droite, il faut tirer la Resne de dedans jusques à vostre Espaule,
lever en haut le Petit-Doigt pour tirer la Resne
de dedans, & *Soustenir.*

A

A Main gauche, au *Terre à Terre*, il faut tirer la Reſne de dedans juſques à voſtre Eſpaule de dehors, lever le Petit-Doigt tout droit en haut, & *Souſtenir*, ce qui tire la Reſne de dedans, ayant la Jambe de dehors proche du Cheval.

Vous voyez par là, qu'on ſe ſert de la Reſne de dehors aux *Courbettes*, & au *Terre à Terre* de celle de dedans, ce qui ne ſe peut faire, que comme je viens de l'enſeigner.

Mais aux *Croupades*, *Balotades*, & *Caprioles*, il ſe faut ſervir de la Reſne de dehors, pour donner Liberté à la Croupe ; car autrement le Cheval ne ſçauroit *Sauter* ; *Aydez* le auſſi un peu, s'il en eſt beſoin, de la Jambe de dedans, affin de donner tant plus de Liberté a la Croupe.

D E S
M O R S
& de leur
U S A G E.

L Es Faiseurs de *Livres*, & les *Escuyers* de ce Temps, qui se croyent fort habiles, & grands *Maistres*, font voir, par la diverfité des *Mors*, leur Ignorance; & qu'ils font bien simples de croire, qu'un morceau de *Fer* dans la Bouche du Cheval luy puisse inspirer quelque *Connoissance*; ce qu'il ne fait non plus qu'un *Livre* mis entre les Mains d'un *Enfant* l'enseigne à *Lire* de luy mesme; ou que des *Esperons* mis aux Talons d'un *Ignorant* le fairont bien *Monter* à Cheval.

Ooooo   Il

Il y a pourtant beaucoup d'adreſſe à choiſir des *Mors* propres à chaque Cheval, ſelon le tour du Col ; car il faut qu'ils ſoient tantoſt longs, tantoſt courts, larges ou eſtroits : que le *Canon*, la *Liberte de Langue*, ſoit large ou eſtroite : l'Oeil plus long, ou plus court ; droit, ou courbé : Les *Branches* plus ou moins fortes : La *Gourmette* esgale : Les *Crochets* ſolon la proportion du *Mors* : Que la *Gourmette* ſoit trois *s s s* ronds, avec un *Anneau*, ou elles ſoient attachées, & deux autres *Anneaux*, ou *Malions*, ou elle eſt Courbée ; & qu'elle ſoit proprement ornée de *Boſſes*, qui ne ſoient pas trop grandes ; car qu'elles ſoit riches, ou non ; celà deſpend de la volonté d'un chacun : Deux rangées de *Chenettes*, attachées au *Mors*, eſt plus qu'il ne faut, une ſeulle ſuffit.

D' avoir auſſi peu de *Fer* qu'il eſt poſſible dans la Bouche du Cheval, eſt une Regle generale qu'il faut tous jours obſerver : Selon que la *Langue* eſt plus ou moins groſſe, il faut que ce qn'on appelle la *Liberté* ſoit plus ou moins ouvert ; mais il faut prendre garde, que la place ou le *Mors* s'appuyë, ne ſoit jamais ſur la *Liberté* ; car celà bleſſeroit le Cheval ;

Cheval; de ſorte que cet Appuy doit eſtre à un petit travers de Doigt de chaque coſté de la *Liberté*, & le *Mors* tout autant par deſſus les *Crocs.*

Les *Branches* ſont fortes lors que les Reſnes ſont laſches; Celles qui ſont le plus tournées vers le Col du Cheval ſont foibles, & au contraire celles qui ſont eſtendues, & ainſi plus eſloignées du Col, ſont fortes; car la force, en tirant, en eſt tant plus grande.

Avec un fil, ou un mourceau de Houſſine, vous pouvez voir ſi les *Branches* ſont dans la Ligne droite, de l'Oeil du *Mors* en bas, & plus elles le ſont, plus elles ſont foibles; comme plus elles ſont hors de cette Ligne, plus elles ſont fortes.

Il y a encore une autre choſe à conſiderer; c'eſt que les *Branches* reſſemblent à un *Levier*, qui a plus ou moins de force, ſelon qu'il eſt plus ou moins long: car comme un Enfant levera un plus grand pois avec un long *Levier*, qu'un Homme tres-puiſſant ne ſçauroit faire avec un *Levier* court; ainſi en eſt il des *Branches* du *Mors*, qui ſont fortes ou foibles, ſelon qu'elles ſont longues ou courtes;

 parce

parce qu' elles font, par ce moyen, plus ou moins
efloignées du *Centre* de Gravité, de forte que les
Branches qui font courtes, pour fortes qu'on les
faffe, ne peuvent point avoir la force qu'ont les
longues.

Si le Cheval hauffe la **Tefte**, & la tient en dehors, les Efcuyers ont alors des *Branches* plus
courtes & plus fortes, pour la fixer en bas, & la mettre en dedans, en quoy ils ont quelque raifon : Et
fi le Cheval tient la **Tefte** trop baffe, & l'arrondit
trop en dedans, deforte qu'il s'Arme contre le
Mors, c'eft à dire qu'il appayë les *Branches* fur le
Poitrail, & qu'ainfi il eft impoffible de le comman-
der en aucune façon : Ce vice éftant contraire à
l'autre de tenir la **Tefte** haute & en dehors,
au quel cas ils fe fervent de *Branches* courtes
& fortes, pour la tirer en dedans ; ils s'imaginent qu'il fe faut fervir aux **Maux** contraires
de **Remedes** contraires, & qu'ainfi quand le Cheval s'Arme contre le *Mors,* les *Branches* doivent
eftre longues, pour luy faire lever la **Tefte** ; &
qu' eftant fortes pour la faire abaiffer, il faut qu'elles
foit foibles pour la lever, en quoy ils fe trompent

extreme-

extremement : Car lors qu'un Cheval s'Arme contre le *Mors*, si les *Branches* sont longues, elles luy toucheront, sans doubte, bien plus le Poitrail, que si elles estoient courtes ; Et il est tout aussi certain, que les *Branches* foibles toucheront plus tost au Poitrail que les fortes, qui est ce qui les trompe.

Aux Chevaux qui s'Arment contre le *Mors*, il se faut servir d'une *Branche* courte qui ne leur touchera point le Poitrail, & d'une forte, pour l'en esloigner encore davantage : Les Crochets de la Gourmette doivent estre un peu longs, & si justes qu'ils ne blessent aucunement : Mais si la Gourmette n'est pas en sa propre place, deux petits *Anneaux* de fer, attachez tout contre le sommet des Crochets, pour les tenir fermes, y remediera mieux que quoy que ce soit ; Toutes les autres inventions touchant les *Mors*, & les *Gourmetes*, sont inutiles & ridicules.

        QUELS

Quels font les meilleurs

MORS.

C'Eſt, en premier lieu, un *Canon tout ſimple,* avec des Branches *à la Conneſtable* ; Secondement, une *Eſcache* de meſme, toute unië, avec des Branches à la Conneſtable ; Et en troiſieſme lieu, un *Cannon à la Pignatelle,* qui ſe meut doucement en haut & en bas, ſans jamais bleſſer le Palais de la Bouche, ou preſſer la Langue, ce que les Chevaux ne peuvent ſouffrir, & eſt cauſe que je prefere cette *Liberté* à tout autre ſorte de *Mors,* & les Branches *à la Conneſtable.*

Affin que les Levres des Chevaux ſoient moins chargées, je voudrois ajouſter des *Olives* a la *Liberté à la Pignatelle,* leſquelles n'aprochant que peu du *Mors,* avec des petits Anneaux,

donment

donnet Liberté aux Levres, & les defchargent, les Branches eſtant *à la Conneſtable.*

Le *Canon à la Pignatelle*; & les *Olives à la Pignatelle*, pour defcharger les Levres, s'il en eſt befoin; font les deux feules fortes de *Mors* que je recommende aux Efcuyers; mais quant aux Branches, il faut qu'elles foient tous-jours *à la Conneſtable.*

Voila, en peu de mots, la verité de tout ce qu'il faut fçavoir touchant les *Mors* : Ils ne fervent pas beaucourp à donner aux Chevaux de l'*Entendement*, lequel ils ont Naturellement, & c'eſt là leur *Raiſon*, n'en defplaife a Meſſieurs les Logiciens, qui n'auroient pas fait cette fameuſſe Diſtinction d'*Animaux*, *Raiſonnables* & *Irraiſonnables*, s'ils euſſent Monté autant de Chevaux comme ils ont leu de Livres.

Ce n'eſt donc pas un morceau de *Fer* qui donne la *Connoiſiance* aux Chevaux; car ſi cela eſtoit, les *Efperonniérs*, parce qu'ils font les *Mors*, feroient les meilleurs Cavaliers : Mais ce qui les fait *Sçavants*, c'eſt l'Adreſſe des Efcuyers à ſe

Ppppp 2 fervir

servir de bonnes Leçons ; les accomodant au Naturel , Difpofition, & Force des Chevaux ; Leur corrigeant les Vices par des Punitions, & leur augmentant leur bonnes Qualitez par des Recompences ; fans fe fier à une ignorante piece de *Fer*, qu'on appelle *Mors* ; car j'entreprens de *Dreffer* un Cheval plus parfaitement avec le *Caveffon* fans *Mors*, que qui que ce foit ne pourra faire avec le *Mors* fans *Caveffon*, tant eft grande l'eftime qu'on doit faire du *Caveffon*, quand on s'en fçait bien fervir ; Et i'ay eu à Anvers un *Barbe* qui *Alloit* parfaitement bien avec le *Caveffon* fans *Mors*, en quoy concifte le vray *Art* ; & non dans l'igorance & fottiffe des *Mors*.

Le fameux *Pignatel* ne fe fervoit à *Naples* que de *Mors* tous fimples, qui faiçoit admirer aux Ignorants, comment il pouvoit, avec de tels *Mors*, *Dreffer* fi parfaitement les Chevaux ; à quoy il avoit accouftumé de refpondre, que ce n'eftoit que leur ignorance qui leur faiçoit s'ftonner de fon *Art* : Ce grand *Maiftre*, Monfieur de *Pluvinel*, faiçoit tout de mefme ; car il fe fervoit ordinairement d'un *Caveffon* tout fimple,

lequel

lequel il rendoit encore plus delicat, en l'envelopant d'un cuir double pour le moins.

Il n'arrive jamais en mon *Manege*, ni en ceux ou on ſe ſert de ma *Methode*, que les Chevaux tienent la Teſte de travers, qu'ils ſuſſent le *Mors*, ni qu'ils mettent la Langue au deſus du *Mors*; parceque la *Liberté* de la Langue *à la Pignatelle*, & le *Caveſſon*, dont je me ſers, en laſchant le *Mors* comme il faut, empeſchent tous ces *Accidents*.

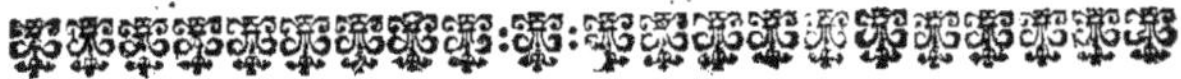

Qqqqq DES

DES

IMPERFECTIONS

de la Bouche des

CHEVAUX.

Ous ceux qui ont escrit de l'*Art de Monter à Cheval*, & tous les meilleurs *Maiſtres* en cette Profeſſion, tant vieux que modernes, ſont grandement empeſchez touchant les Vices & Imperfections de la Bouche des Chevaux; Qui ſont premierement, lors que le Cheval tire en haut, & ſuſſe la Langue; En ſecond lieu, quand il la met par deſus le *Mors*; En troiſieſme lieu lors qu'il la double au tour du *Mors*; Et en quatrieſme lieu, quand il la laiſſe pendre hors de la Bouche, ſoit tout droit en avant, ou de l'un

des

des coſtez. Ces grands Docteurs ont pris beaucourp de peine à inventer diverſes ſortes de *Mors*,
pour corriger ces Vices; & ce qu'ils ont eſcrit ſur
ce ſeul ſujet eſt capable de faire un gros *Volume*;
Et ſi eſt il tres-certain, que tous leurs *Mors*, &
leurs Remedes, ſont pires que le Mal qu'ils ont
voulu guerir, & cauſent plus d'inconvenients qu'ils
n'en previenent, ou corrigent.

J'avouë que je ſerois fort ayſe, qu' aucun Cheval n'eut aucun de ces Vices, dont je viens de parler; mais ſuppoſez qu'un Cheval les aye, quel
prejudice en reçoit il? cela l'empeſche t'il d'avoir
un bon *Appuy*, ou d'avoir la Teſte ferme & aſſurée ? Et n'eſt il pas auſſi ſenſible aux Barres, & à
la Gourmette; Le *Mors* opere tous-jours ſur
les *Barres*, & la Gourmette auſſi là ou il faut,
en deſpit de la Langue, où quelle ſoit, ou ne
ſoit point du tout : Car ſi elle eſtoit coupée,
cela n'empeſcheroit nullement le *Mors* d'operer
ſur les *Barres*, ni la Gourmette de faire ſon
devoir; Et j'ay conneu un Cheval, au quel
on avoit arraché toute la Langue, qui Alloit
tout anſſi bien qu'il eut jamais fait; D'ou

Qqqqq 2　　　　il

il eſt ayſé à voir, que nos grands *Maiſtres*
ſe ſont donnez beaucoup de peyne en vain ;
Qu'ils en ont bien donné à leurs *Eſcholiers*; Et
ont furieuſement tourmenté les pauvres *Chevaux,*
ſans beſoin.

F I N.

Noms que les Curieux donnent aux
CHEVAUX de MANEGE.

Italiens	&	Spagnols.

BElla Donna	Corsiero Neapolitano
Bell in Campo	Rubicano
Desperato	Signiore
Argentino	Delitia
Dorato	Nobilissimo
Gatto	Dolce
Gatino	Bona Natura
Rondinello	Bellissimo
Felice	Bonissimo
Lampo	Mille Fiore
Soura Speransa	Almenara
Capitano	Nuntio
Lupo	Dracone
Mabaumilia	Arogatillo
Mala testa	Diamante
Melancholia	Arrogante
Genette	Il Bravo

R r r r r   Cavallo

Cavallo Imperiale	*Grandissimo*
Imperatore	*Illustrissimo*

François.

F*Avory*	*La Merveille*
Mignion	*Le Miracle*
Balot	*Le Courtau*
Galliard	*Le Fripon*
Bonit	*Le Larron*
Perle	*Le Marchant*
Roussin	*L'Emerillon*
Sans Pareil	*L'Admirable*
La Perfection	*Le Diligent*
Le Delicat	*Le Parangon*
Isabelle d'Espagne	*Le Loyall*
Monsieur	*Le Sensible*
Le Hober	*L'Enragé*
Le Petit Barbe	*Le Fougeux*
Le Grand Barbe	*Le Malitieux*
Le Turc	*L'Endormy*
Le Petit Boutton	*Le Countre Coeur*
Le Superbe	*L'Amour*
Le Bouffon	*La Maitresse*

Le Roy

Le Roy

Le Prince

Le Duc

L'Empereur

Le Collonel

Le General

Le Cardinal

Le Pape

La Tempeſte

Le Compagnion

Le Comarade

L'Amië

L'Ennemy

Le Philoſophe

La Vielle

Le Diable

Le Preſident

Le Juge

Le Capritieux

Le Quereleux

Le Piqueur

L'Yvrongne

Le Fantaſque

Le Tenez-ferme

Le Jetteur

Le Rude

Le Vilain

Le Coquin

Le Poultron

Le Pauvre

Le Courageux

Le Deſpriſé

Le Hardi

Galliardon

La Mouche

Le Trompeur

La Rencontre

Le Mouton

Le Janti

Le Lion

Le Renard

L'Elefant

Le Pagaſe

Le Volant

Via Lactea

Le Determiné

La Grenouille

Le Gallant

Le Cavalier

Le Cavalier	La Bataille
Mon Roy	La Beauté
Le Soldat	L'Eftoile
Le Conquereur	L'Enioué
Le Confelier	Mars
Le Terrible	Jupiter

Noms propres pour les
CHEVAUX ALLEMANS.

LE Pifante	Le Suiffe
Myn Hear	Frifon
Younker	Urfelino